J. ROTHSCHILD, Éditeur, 13, Rue des Saints-Pères, Paris.

32e ANNÉE (1893).

REVUE DES EAUX ET FORÊTS

ANNALES FORESTIÈRES

1re PARTIE : JOURNAL DES INTÉRÊTS FORESTIERS

Économie forestière, reboisement, exploitation, statistique, mercuriales, régime des eaux, chasse, louveterie, pisciculture, métallurgie, etc. — *Paraissant le 10 de chaque mois et formant un fascicule de trois Feuilles in-8°.*

2me PARTIE : LÉGISLATION ET JURISPRUDENCE FORESTIÈRES

Répertoire périodique et critique des lois, décrets, règlements généraux, avis et décisions du Conseil d'État, arrêtés ministériels, circulaires et décisions administratives, arrêts de la Cour de cassation et des Cours d'appel, jugements des Tribunaux civils, correctionnels et de commerce, en matière de Bois, Forêts, Chasse, Pêche. — *Paraissant le 25 de chaque mois, en un fascicule d'une Feuille in-8°.*

Prix de l'Abonnement de la Revue et du Répertoire ensemble

Pour la France : **15** fr. par an. — Avec l'ANNUAIRE : **18** fr.
Pour l'Étranger, l'ANNUAIRE y compris : **20** fr.

☞ *Les Abonnements partent du 1er Janvier de chaque Année.*

Les Abonnés reçoivent, aux Conditions ci-dessus indiquées,

L'ANNUAIRE DES EAUX ET FORÊTS

Contenant le tableau complet du Personnel de l'Administration des forêts au 1er Janvier 1893, du service forestier de l'Algérie, la liste des promotions de l'École forestière, et de nombreux documents statistiques.

LA REVUE DES EAUX ET FORÊTS (*Annales forestières*) forme, jusqu'à ce jour, 31 volumes; le RÉPERTOIRE DE LÉGISLATION ET DE JURISPRUDENCE comprend 18 volumes. — Le prix des deux collections prises ensemble est de **465** fr.

Les 17 volumes du RÉPERTOIRE DE LÉGISLATION, pris ensemble, se vendent **135** fr.

Ce sont les années : 1862 à 1869 (4 vol. grand in-8°), par M. Ch. DEVILLE, *avocat.* — 1870 à 1873 (1 vol. grand in-8°), par M. J. BEZOU, *avocat.* — 1874 à 1892 (13 vol. in-8°), par MM. MEAUME, PUTON, etc.

Cet ouvrage fait suite à tous les recueils de règlements forestiers antérieurs à 1862, et notamment au Bulletin administratif et judiciaire des *Annales forestières.*

TABLE ALPHABÉTIQUE DES MATIÈRES

ET DES NOMS D'AUTEURS DE LA *Revue des Eaux et Forêts.*

1re *Série (années 1862 à 1886)*, 1 vol. grand in-8. Prix. . . . 6 fr.

a

GUIDE
DU FORESTIER

SECONDE PARTIE

SURVEILLANCE DES FORÊTS

GUIDE
DU FORESTIER

TRAITÉ ÉLÉMENTAIRE

DE

LA CULTURE ET DE LA GESTION DES FORÊTS

SECONDE PARTIE

SURVEILLANCE DES FORÊTS

PARIS

J. ROTHSCHILD, ÉDITEUR

13, RUE DES SAINTS-PÈRES, 13

1893

LA SURVEILLANCE

DES FORÊTS

PAR

A. BOUQUET DE LA GRYE

Ancien Conservateur des Forêts
Membre de la Société d'Agriculture de France

NEUVIÈME ÉDITION

PARIS
J. ROTHSCHILD, ÉDITEUR
13, RUE DES SAINTS-PÈRES, 13

1893

SOMMAIRES

CHAPITRE PREMIER

Règles générales.

CHAPITRE II

Constatations des Délits.

CHAPITRE III

Surveillance des Exploitations.

CHAPITRE IV

Chasse.

CHAPITRE V

Pêche.

CHAPITRE VI

Citations et Significations.

CHAPITRE VII

Travaux. — Délivrances. — Adjudications.

CHAPITRE VIII

Personnel des Préposés de l'Administration des Forêts.

CHAPITRE IX

Retraites.

CHAPITRE X

Règles de Service des Préposés.

DE L'ADMINISTRATION DES FORÊTS

CHAPITRE XI

Organisation militaire.

CHAPITRE XII

Recrutement. — Avancement. — Enseignement.

CHAPITRE XIII

Service sédentaire.

CHAPITRE XIV

Gardes particuliers, Gardes-chasse et Gardes-vente.

ANNEXES

Modèles de Procès-verbaux.

GUIDE DU FORESTIER

POLICE DES FORÊTS

CHAPITRE PREMIER

RÈGLES GÉNÉRALES

rocès-verbaux. — Écriture. — Signature. — Clôture. — Affirmation. — Enregistrement. — Transmission. — Rédaction des procès-verbaux. — Date. — Age des bois. — Flagrant délit. — Complicité. — Désignation des délinquants. — Récidive. — Saisies. — Séquestres. — Visites domiciliaires. — Réquisitions à la force publique. — Délinquants inconnus. — Foi due aux procès-verbaux. — Témoignages. — Bulletins de renseignements.

1. La constatation des délits est la partie la plus mportante et la plus difficile du service des préposés orestiers. La conservation des forêts serait en effet bien compromise si les auteurs des dévastations de oute nature qui peuvent s'y commettre n'étaient

promptement signalés et punis. Les gardes ont à lutter de ruse avec des délinquants habitués à profiter de toute négligence ; ils doivent donc être toujours en éveil, étudier les habitudes des maraudeurs, apprendre à les reconnaître sous les déguisements et les noms divers qu'ils prennent, les surveiller sans se laisser épier, et déjouer leurs ruses par une vigilance de tous les instants.

Il ne suffit pas que les gardes reconnaissent tous les délits commis dans leurs triages ; il faut encore qu'ils les constatent par des actes réguliers, qui prennent le nom de *procès-verbaux*.

2. **Procès-verbaux.** — Les procès-verbaux dressés par les gardes sont des actes authentiques auxquels est attachée une présomption légale de vérité. Ceux que rédigent les préposés de l'administration des forêts doivent être écrits sur les formules imprimées fournies par l'administration et transmises aux préposés par les chefs de cantonnement. (Voir chap. X, § 225.) Les gardes suivront, pour l'emploi de ces formules, l'ordre des numéros inscrits par l'agent forestier. — Les gardes des particuliers écrivent leurs procès-verbaux sur des feuilles de papier timbré.

3. **Écriture.** — Les procès-verbaux seront, autant que possible, écrits en entier de la main du garde rédacteur ; si toutefois il se trouve hors d'état d'écrire

lui-même son procès-verbal, il peut le faire écrire par un tiers. (Voir § 6.)

L'écriture doit être soignée et aussi correcte que possible.

Il ne sera laissé aucun intervalle en blanc dans le corps de l'acte; tous les renvois, ratures et surcharges seront approuvés et paraphés par le rédacteur. — Les dates seront inscrites en toutes lettres et non en chiffres; il en sera de même des nombres et mesures; les noms propres seront distingués par des caractères plus gros que le corps du procès-verbal et soulignés.

4. **Signature.** — Dans tous les cas, la signature du préposé ou des préposés qui ont constaté le délit doit être apposée sur les actes à la rédaction desquels ils ont concouru; un procès-verbal non signé est radicalement nul.

Un procès-verbal dressé par plusieurs préposés et signé seulement par l'un d'entre eux est considéré comme dressé par ce signataire seul; les autres sont censés n'avoir pas concouru à sa rédaction.

5. **Clôture.** — Les procès-verbaux seront rédigés et clos le jour même de la reconnaissance du délit. (Ord., art. 181.)

Toutefois, si les préposés reconnaissent un délit dont ils ne peuvent indiquer les auteurs, s'ils sont dans la nécessité de faire des recherches qui exigent un certain temps pour amener la découverte des délinquants, ils constateront les faits qu'ils auront reconnus et renverront à une époque ultérieure la clôture de leur procès-verbal, en indiquant les motifs de ce renvoi. (Voir Exemple n° 24.)

Le jour de la clôture est la véritable date du procès-verbal; aussi doit-il être mentionné d'une manière formelle.

Si le procès-verbal est clos le jour même de la reconnaissance du délit, la date de la clôture sera suffisamment indiquée par la formule : *Clos à... les jour, mois et an que dessus.* (Voir Exemple n° 5.)

Si le procès-verbal n'est pas clos le jour même de la constatation du délit, on indiquera en toutes lettres la date de la clôture. (Voir Exemple n° 1.)

Les procès-verbaux seront transcrits en entier sur le livret; le numéro de la feuille dudit livret sur laquelle le procès-verbal est porté sera inscrit en marge de cet acte, dans la case à ce destinée.

6. **Affirmation.** — Les gardes affirmeront leurs procès-verbaux au plus tard le lendemain de la clôture desdits actes, par-devant le juge de paix du canton ou l'un de ses suppléants, ou par-devant le maire ou l'adjoint, soit de la commune de leur résidence, soit de celle où le délit a été commis et constaté, le tout sous peine de nullité. (C. for., art. 165.)

Le rédacteur d'un procès-verbal, en affirmant cet acte, en certifie l'exactitude sous la foi du serment.

L'affirmation doit émaner du garde rédacteur et non du magistrat devant lequel elle est faite.

Si le procès-verbal n'a pas été écrit en entier de la main du garde, l'officier public qui recevra l'affirmation devra lui en donner préalablement lecture et faire mention de cette formalité, le tout à peine de nullité. (C. for., art. 165.)

Cette lecture a pour but de mettre les préposés qui ne savent pas rédiger eux-mêmes leurs procès-verbaux à l'abri des surprises que pourrait entraîner leur défaut d'instruction ou la mauvaise foi du rédacteur; elle leur permet aussi de rectifier les indications erronées qui auraient pu leur échapper.

Lorsqu'un procès-verbal est dressé par un seul préposé et entièrement écrit de sa main, l'acte d'affirmation contiendra seulement la mention de la déclaration du garde rédacteur, comme il est indiqué à l'Exemple nº 1 (Affirmation).

Si le procès-verbal est dressé par deux ou plusieurs préposés, l'officier public devant lequel cet acte est affirmé, en fera la lecture préalable et mentionnera cette formalité, comme il est indiqué à l'Exemple nº 2 (Affirmation).

L'acte d'affirmation est daté et signé tant par l'officier public que par les gardes.

7. Les ratures, additions, renvois et rectifications opérés dans le corps du procès-verbal avant l'affirmation doivent, à peine de nullité, être paraphés par l'officier public qui reçoit la déclaration des préposés.

Après l'affirmation, il ne doit être fait aucun changement au procès-verbal.

Les rectifications ou additions ultérieures jugées nécessaires ne peuvent être faites qu'au moyen d'un nouveau procès-verbal destiné à compléter le premier.

8. Dans le cas où les officiers de police judiciaire auraient négligé ou refusé de recevoir l'affirmation des procès-verbaux dans le délai prescrit par la loi, les gardes rédigeront procès-verbal du refus et adresseront sur-le-champ ce procès-verbal au chef de cantonnement. (Ord., art. 182.)

9. **Enregistrement.** — Les procès-verbaux seront, sous peine de nullité, enregistrés dans les quatre jours qui suivront celui de l'affirmation. (C. for., art. 170.)

Il résulte de cette disposition que l'affirmation doit toujours précéder l'enregistrement du procès-verbal, et que cet enregistrement peut être fait, pour dernier délai, le quatrième jour après l'affirmation; ainsi, un procès-verbal affirmé le 20 pourra être enregistré le 24; mais il serait nul si l'enregistrement était daté du 25.

Les préposés peuvent faire enregistrer leurs procès-verbaux au bureau du receveur de leur résidence ou au bureau le plus rapproché du lieu où ils se trouvent, même accidentellement. La loi leur laisse toute latitude à cet égard.

10. **Transmission.** — Lorsque le bureau de l'enregistrement est éloigné de la résidence des gardes, ceux-ci adressent quelquefois par la poste leurs procès-verbaux au receveur. Ce dernier les transmet, après enregistrement, à l'agent forestier chef de cantonnement.

Ce mode de transmission offre de grands inconvénients; un retard de la poste peut entraîner la nullité du procès-verbal. Les préposés n'emploieront la voie de la poste qu'autant qu'ils y auront été formellement autorisés par le chef de cantonnement et que le receveur y aura consenti; sinon, ils porteront eux-mêmes leurs actes à l'enregistrement et les expédieront immédiatement après à l'agent forestier leur supérieur.

11. Les préposés mentionneront sur leur livret l'enregistrement des procès-verbaux qu'ils ont dressés et l'envoi de ces actes au chef de cantonnement. Cette mention s'opère de la manière suivante :

(Date)... *Fait enregistrer au bureau de...* (nombre) *procès-verbaux, nos... à... et transmis lesdits actes à M. le..., à...*

12. Les gardes, qui, par leur faute, ont occasionné la nullité d'un procès-verbal pour défaut d'enregistrement dans les délais légaux, sont passibles d'une amende de 10 francs (loi du 22 frimaire an VII); ils peuvent être de plus actionnés en responsabilité pour les condamnations encourues par les délinquants.

13. **Rédaction des Procès-verbaux.** — Nous indiquerons dans les chapitres suivants les renseignements spéciaux que doivent renfermer les procès-verbaux, selon la nature des délits qu'ils constatent; mais nous devons d'abord faire connaître d'une manière générale les indications que ces actes doivent toujours contenir.

Ces indications sont relatives :

1° Au temps et au lieu des délits et contraventions;

2° A la désignation des préposés qui les ont constatés ;

3° Aux circonstances particulières à chaque constatation;

4° A la désignation des délinquants;

5° A la nature du délit et aux suites de la constatation.

14. **Date.** — La première mention à inscrire sur le procès-verbal est celle de la date de la constatation du délit.

Nous avons vu au § 5 que cette date peut différer de celle de la rédaction et de la clôture du procès-verbal. Il n'est en effet pas absolument prescrit aux préposés de dresser leurs procès-verbaux le jour même de la découverte d'un délit; ils peuvent surseoir à clore ces actes jusqu'à ce qu'ils connaissent les délinquants; mais ils doivent indiquer en tête de leurs procès-verbaux le jour et l'heure où le délit a été reconnu. L'heure doit être indiquée d'une manière aussi approchée que possible.

Il importe surtout que cette indication soit exactement donnée quand il s'agit d'un délit commis à une heure rapprochée du lever ou du coucher du soleil; comme les peines encourues par les délinquants sont doublées quand le délit a eu lieu la nuit, c'est-à-dire entre le coucher et le lever du soleil, il faut que le procès-verbal fasse mention de cette circonstance aggravante.

Le lieu du délit s'indique par le nom de la forêt où il a été constaté.

On indiquera si elle appartient à l'État, aux communes, aux établissements publics ou aux particuliers.

On donnera le nom sous lequel le canton où le délit a été constaté est le plus généralement connu, en désignant, pour les forêts aménagées, le numéro de la série et celui de la coupe, le territoire communal sur lequel se trouve ce canton.

15. **Age des Bois.** — Il sera fait mention de l'âge des bois où le délit a été commis. — Dans les forêts traitées en taillis, l'âge se compte par le nombre d'années qui se sont écoulées depuis la dernière exploitation. Dans les forêts traitées en futaie, on prendra l'âge du peuplement le plus jeune et non celui des vieux bois qui le dominent.

16. **Noms et Qualités.** — Après les mots *nous soussignés*, imprimés sur la formule, le rédacteur inscrira les noms et prénoms de tous les préposés qui ont concouru à la constatation du délit, en commençant par celui du grade le plus élevé ; il indiquera la résidence de chacun d'eux. (Voir Exemple nº 2.)

17. **Flagrant délit.** — Le procès-verbal relatera aussi exactement que possible les circonstances dans lesquelles le délit a été reconnu. Ainsi il fera connaître si les délinquants ont été surpris en flagrant délit.

On appelle *flagrant* le délit qui se commet ou vient de se commettre. Un délinquant occupé à abattre un arbre ou à charger un arbre abattu est en flagrant délit ; il sera encore considéré comme en flagrant délit s'il est rencontré dans la forêt porteur des bois qu'il y a coupés et des instruments dont il s'est servi.

18. **Complicité.** — Si le délit a été commis par

plusieurs individus, le procès-verbal devra faire mention des circonstances qui constituent la complicité.

La complicité s'établit non seulement par la coopération des prévenus à un même délit, mais encore par l'aide qu'ils se prêtent, soit pour le commettre, soit pour échapper à ses conséquences. Des individus étrangers les uns aux autres qui coupent des arbres, font pacager des bestiaux, etc., dans un même canton, seront considérés comme complices s'ils se prêtent assistance (voir Exemple nº 1), s'ils s'avertissent réciproquement de l'approche des gardes. Les procès-verbaux devront donc relater tous les faits qui prouvent de la part des délinquants une commune entente, une action concertée ; de l'exactitude de ces indications dépend l'application de la solidarité, c'est-à-dire de la responsabilité réciproque de tous les délinquants. — Si la complicité est suffisamment prouvée, chacun d'eux est solidairement responsable des condamnations encourues par tous les autres. Si au contraire rien n'établit une entente commune, chacun n'est passible que des condamnations qui lui sont personnelles.

19. **Nom, Prénoms et Domicile.** — Les prévenus doivent être désignés par leurs nom, prénoms, profession et demeure. — Si l'auteur du délit est une femme mariée, un enfant mineur, un ouvrier ou un

domestique, les noms, prénoms, professions et demeures des maris, pères, mères ou maîtres seront indiqués. Comme les pères, mères, tuteurs, maris, maîtres et commettants sont responsables civilement des condamnations prononcées contre leurs enfants mineurs et pupilles demeurant avec eux, ouvriers, voituriers et autres subordonnés, il importe que les procès-verbaux contiennent les renseignements propres à faciliter l'application de cette responsabilité. (C. for., art. 206.)

Il est utile de faire connaître au moins approximativement l'âge des délinquants. Cette indication peut servir à apprécier s'ils ont agi avec discernement dans le cas où ils ont moins de 16 ans.

20. **Récidive.** — Le rédacteur d'un procès-verbal fera toujours connaître si les prévenus sont en état de récidive, c'est-à-dire si dans les douze mois précédents il a été rendu contre eux un jugement de condamnation pour contravention ou délit forestier. La récidive entraîne le doublement de la peine encourue. (C. for., art. 200.)

Le procès-verbal devra mentionner la date du dernier jugement rendu contre les délinquants.

Il n'est pas toujours possible aux préposés d'indiquer exactement cette date, qui peut ne pas leur être connue, mais ils ont toujours la facilité de s'assurer, au moyen de l'examen de leur livret, s'ils ont dressé dans les douze mois précédents des procès-verbaux contre ces mêmes délinquants. Ils inscriront la date et le numéro du dernier procès-verbal. (Voir Exemple n° 4.)

21. **Indications caractéristiques.** — Les procès-verbaux contiendront, suivant la nature du délit, tous les renseignements qui le caractérisent. Nous indiquerons ces renseignements d'une manière spéciale dans les chapitres suivants, où nous examinerons chaque délit en particulier. Nous nous bornerons donc à mentionner ici, d'après l'instruction placée en tête du livret des gardes, celles de ces indications qui ont un caractère commun de généralité.

Pour les enlèvements et abatages de bois, les gardes feront connaître l'âge, la grosseur et la quantité des bois objets du délit ;

Les instruments, voitures et attelages employés pour le commettre.

Pour les extractions de produits quelconques, ils indiqueront la nature des productions extraites, coupées ou enlevées, et leur quantité.

Pour les délits de pâturage, le nombre, l'espèce et le signalement des animaux trouvés dans les bois, l'âge de ces bois.

S'il s'agit de délits de chasse, l'espèce d'armes, de piéges, de chiens employés et l'espèce de gibier pris ou chassé.

Dans tous les cas, le procès-verbal mentionnera les déclarations et aveux des prévenus.

Le rédacteur du procès-verbal fera enfin connaître les suites données à la constatation des délits, en indiquant s'il a été procédé, d'après les règles tracées dans les paragraphes qui suivent, à la saisie et à la mise en séquestre des attelages, bestiaux, bois et instruments du déli .

22. **Saisies.** — Il est prescrit aux préposés de saisir les scies, haches, serpes, cognées et autres instruments de même nature dont les délinquants ou leurs complices sont trouvés nantis. (C. for., art. 198.)

Les gardes ne sont toutefois pas obligés d'opérer dans tous les cas la saisie effective des instruments dont les délinquants sont armés; ils exigeront la remise de ces instruments lorsqu'ils seront en état de faire respecter leur autorité, mais ils éviteront de se compromettre dans des luttes corporelles.

Si le désarmement présente des difficultés, ils se borneront à déclarer la saisie et indiqueront la nature, le nombre et la valeur des instruments, en constatant que les délinquants ont refusé de leur en faire la remise. (Voir Exemple n° 3.)

Les armes, outils et instruments saisis seront déposés aux greffes des tribunaux. Ce dépôt est effectué par les chefs de cantonnement, à qui les gardes transmettent les objets capturés sur les délinquants.

Afin d'éviter les erreurs et les réclamations qui pourraient s'élever si, en cas d'acquittement des prévenus, la restitution des objets saisis venait à être ordonnée, et aussi pour que les greffiers puissent accepter le dépôt en reconnaissant la validité de la capture, les préposés auront soin d'indiquer, par une étiquette attachée à chaque objet, le numéro du procès-verbal qui en a constaté la saisie et le nom du délinquant.

Toute saisie d'instruments, armes et engins quelconques, même abandonnés par des délinquants inconnus, doit être constatée par un procès-verbal en forme.

Les préposés forestiers sont autorisés à saisir les bestiaux trouvés en délit et à les mettre en séquestre. (C. for., art. 165.)

Les voitures, instruments et attelages seront saisis et mis en séquestre toutes les fois que les propriétaires ne seront pas d'une solvabilité notoire.

Les animaux dont les propriétaires sont inconnus, les bois et productions forestières enlevés par les délinquants seront toujours saisis et mis en séquestre.

23. **Séquestre.** — On dit qu'un objet est mis en séquestre lorsqu'il est confié à la garde d'une per-

sonne qui s'oblige volontairement à le représenter à toute réquisition légale.

On opère la saisie effective des bestiaux en conduisant en un lieu sûr les animaux pris en contravention. La saisie réelle des bois de délit s'effectue plus rarement, à raison des difficultés du transport. Les préposés ignorent en général qu'ils peuvent faire transporter, aux frais de l'administration, les objets qu'ils saisissent jusqu'au domicile du séquestre. S'ils employaient plus souvent ce moyen, les délinquants ne profiteraient pas, comme ils le font journellement, des produits de leurs vols, et la répression se trouverait assurée d'une manière bien plus efficace. Les frais de ce transport sont acquittés comme nous l'indiquerons ci-dessous pour ceux du séquestre. (Voir Exemple nº 2.)

La mission du séquestre est toute facultative et ne peut être imposée.

Les préposés apporteront une grande circonspection dans le choix des personnes qu'ils établiront *séquestres* et devront s'attacher à ce qu'elles soient solvables. Il importe, en effet, que l'administration puisse exercer son recours contre le séquestre, s'il laisse enlever ou dépérir les objets qui lui sont confiés.

Lorsque les préposés auront saisi des bestiaux et qu'ils auront trouvé une personne sûre disposée à accepter la mission de séquestre, ils devront dresser leur procès-verbal, qui contiendra, après les renseignements relatifs à la constatation du délit :

1° La désignation détaillée des animaux, en indiquant l'espèce, le nombre, le sexe, la couleur, les marques particulières, le harnachement, s'il y a lieu ;

2° L'indication de la personne qui en est propriétaire, si elle est connue, ou la mention qu'on n'a pu la connaître ;

3° Les noms, profession et demeure de l'individu à la garde duquel les bestiaux auront été confiés.

Ce procès-verbal sera fait sans déplacer. Mention sera faite de l'heure de sa *clôture* ; le gardien signera le procès-verbal, et, s'il ne sait signer, il en sera fait mention. (Voir Exemples n°s 6 et 14.)

Le garde fera, séance tenante, deux copies du procès-verbal ; il les signera ; l'une d'elles sera remise au séquestre ; la seconde, revêtue de la signature de ce dernier ou de la mention qu'il ne sait signer, sera remise, dans les vingt-quatre heures, au greffe de la justice de paix.

Les procès-verbaux de saisie de bestiaux doivent être transmis sans délai au chef de cantonnement, qui prend les mesures nécessaires pour faire procéder à la vente.

La mise en séquestre des bois saisis s'opère

comme pour les bestiaux : le signalement des animaux est seulement remplacé par l'indication exacte des essences, dimensions et quantités des bois.

24. **Paiement des Frais.** — Les frais de transport et de séquestre sont acquittés au moyen d'un mandat que le conservateur délivre sur la demande des personnes qui ont transporté ou gardé des objets saisis. Cette demande doit être appuyée d'un mémoire taxé par le juge de paix. Si le montant de ce mémoire est de plus de 10 fr., il devra être rédigé sur papier timbré.

25. **Visites domiciliaires.** — Les gardes sont autorisés à suivre les objets enlevés par les délinquants jusque dans les lieux où ils auront été transportés, et à les mettre en séquestre. Ils ne pourront néanmoins s'introduire dans les maisons, bâtiments, cours adjacentes et enclos, si ce n'est en présence soit du juge de paix ou de son suppléant, soit du maire ou de son adjoint, soit du commissaire de police. (C. for., art. 161.)

Le droit conféré par la loi aux préposés de l'administration forestière, de suivre et de rechercher les objets enlevés, ne s'étend pas au delà du territoire des arrondissements où ils peuvent légalement exercer leurs fonctions, c'est-à-dire de ceux où ils sont accrédités par la prestation de serment et l'enregistrement de leur commission ; partout ailleurs ils sont sans qualité.

La présence d'un des fonctionnaires indiqués dans l'article 161 est indispensable pour donner aux préposés le droit de s'introduire dans les bâtiments, cours et enclos.

Ce droit ne peut être exercé que pendant le jour, c'est-à-dire de 6 heures du matin à 6 heures du soir depuis le 1er octobre jusqu'au 31 mars, et de 4 heures du matin à 9 heures du soir depuis le 1er avril jusqu'au 30 septembre.

Cependant les gardes peuvent s'introduire, soit le jour, soit la nuit, dans les fours à chaux et à plâtre, briqueteries et tuileries, loges, baraques et hangars construits à moins d'un kilomètre, et dans les scieries établies à 2 kilomètres des bois et forêts, pourvu qu'ils se présentent au nombre de deux au moins.

Un garde seul peut visiter les établissements mentionnés ci-dessus, s'il est assisté de deux témoins domiciliés dans la commune. (C. for., art. 157.)

Ce droit exceptionnel de visite ne s'étend pas aux fermes et maisons d'habitation, non plus qu'aux scieries qui font partie d'un village ou hameau.

Les gardes forestiers revêtus des insignes de leurs fonctions peuvent pénétrer dans l'enceinte des chemins de fer, sans l'assistance des fonctionnaires désignés dans l'article 161 du Code forestier ; mais ils sont tenus de se conformer aux mesures de sûreté qui leur seront prescrites par les employés. (Ord. du 15 novembre 1847, art. 62.)

Les fonctionnaires requis pour assister les préposés dans les visites qu'ils veulent faire ne peuvent refuser leur concours ; ils sont tenus de signer le procès-verbal de la perquisition faite en leur présence, sauf au garde, en cas de refus de leur part, à en faire mention au procès-verbal. (C. for., art. 162.)

La réquisition peut être verbale; elle ne sera écrite que sur la demande expresse du magistrat. — L'assistance des fonctionnaires désignés dans l'article 161 a pour objet de légaliser l'introduction de gardes dans le domicile des citoyens ; ces fonctionnaires ne concourent en rien à la perquisition et à la constatation des délits ; leur rôle se borne à requérir, au nom de la loi, l'ouverture des portes, et à faire ouvrir, en vertu de leur autorité, celles que les habitants refusent d'ouvrir de plein gré. (Voir Exemple n° 2.)

Les gardes peuvent procéder à des perquisitions en présence du chef de maison et sans l'assistance des magistrats, si celui-ci n'y met pas obstacle ; mais le procès-verbal de visite devra mentionner son consentement.

Ils ne doivent jamais procéder sans l'assistance des magistrats, si le chef de maison est absent.

Nous avons cru devoir entrer dans de grands détails au sujet du droit de visite, à raison de la haute importance que peut avoir pour les préposés l'oubli des prescriptions de la loi.

La violation, même légale, du domicile des citoyens est un acte sérieux que des motifs graves peuvent seuls justifier.

Certains préposés n'hésitent pas à opérer des visites domiciliaires pour la recherche de délits de peu d'importance et sans autre indication que la découverte des souches laissées sur pied. Alors leurs perquisitions s'étendent sur tout un village, au grand mécontentement des personnes dont le domicile est envahi, et des magistrats que leur devoir oblige à assister à des recherches toujours pénibles et souvent sans résultats. Nous ne saurions recommander l'emploi d'un pareil mode de constatation. Les visites domiciliaires ne doivent être faites qu'autant qu'il s'agit de constater des délits d'une certaine gravité; elles ne doivent porter que sur les maisons dont les propriétaires sont soupçonnés.

Il y a moins d'inconvénients à laisser quelques délits impunis qu'à froisser les populations par des perquisitions qui les indisposent contre l'administration et le gouvernement au nom de qui elles sont faites.

26. **Refus de Concours.** — Dans le cas où les officiers de police judiciaire désignés dans l'article 161 du Code forestier refuseraient, après avoir été légalement requis, d'accompagner les gardes dans leurs visites et perquisitions, les gardes rédigeront procès-verbal du refus et adresseront sur-le-champ ce procès-verbal à l'agent forestier, qui en rendra compte au chef du parquet. (Ord., art. 182). — Ce procès-verbal devra être rédigé de la manière la plus concise et faire connaître simplement le refus opposé par le fonctionnaire légalement requis.

27. **Réquisitions.** — Les préposés de l'administration des forêts ont le droit de requérir directement la force publique pour la répression des délits et contraventions en matière forestière, ainsi que pour la recherche et la saisie des bois coupés en délit, vendus ou achetés en fraude. (C. for., art. 164.)

Leur réquisition doit être adressée au commandant de la force publique du lieu. Elle peut être verbale ou écrite. — La gendarmerie ne prête son concours que sur une réquisition écrite, dont nous indiquons la formule au nº 25 des Exemples.

28. **Arrestations.** — Les gardes arrêteront et conduiront devant le juge de paix ou devant le maire tout inconnu qu'ils auront surpris en flagrant délit d'infraction aux lois forestières. (C. for., art. 163.)

Ils arrêteront de même tout individu coupable

d'un crime ou d'un délit quelconque, pris en flagrant délit ou dénoncé par la clameur publique si ce crime ou délit entraîne l'emprisonnement ou une peine plus grave. (Code d'inst. crim., art. 16.)

Ils constitueront prisonnier tout fraudeur et colporteur de tabac, et le conduiront sur-le-champ devant l'officier de police judiciaire le plus rapproché du lieu d'arrestation. (Loi du 28 avril 1816.)

Le droit d'arrestation conféré aux préposés forestiers a pour objet, soit de faciliter la désignation des délinquants inconnus, soit de mettre sous la main de la justice les criminels ou les fraudeurs. Les personnes arrêtées sont amenées devant le magistrat, qui s'assure de leur identité et prend à leur égard telles mesures qu'il juge convenables; les préposés rédigent ensuite leur procès-verbal s'il s'agit de délits forestiers ou de contraventions aux lois douanières.

29. **Délinquants inconnus.** — Les délits dont les auteurs sont inconnus doivent être constatés par des procès-verbaux réguliers.

Quoique écrite dans le livret des gardes, cette prescription n'est pas suivie à la lettre dans la pratique. On conçoit, en effet, que la rédaction des nombreux procès-verbaux que nécessiterait la constatation régulière de tous les délits minimes dont les auteurs restent inconnus occasionnerait aux préposés un travail considérable et sans utilité. En général, ils se contentent d'apposer sur les souches l'empreinte de leur marteau et de faire mention sur leurs registres de la reconnaissance du délit. Ce mode d'opérer est suffisant pour couvrir, dans la plupart des cas, la responsabilité des gardes. Mais s'il se commet dans leur triage des délits importants, les préposés devront les constater par des procès-verbaux en règle, et justifier des diligences faites pour en découvrir les auteurs.

30. **Foi due aux Procès-verbaux.** — Les procès-verbaux revêtus de toutes les formalités prescrites par les articles 165 et 170, et qui sont dressés et signés par deux préposés, font preuve, jusqu'à inscription de faux, des faits matériels relatifs aux délits et contraventions qu'ils constatent. (C. for., art. 176.) Ceux qui sont dressés et signés par un seul préposé feront de même preuve jusqu'à inscription de faux, mais seulement lorsque la contravention n'entraînera pas une condamnation de plus de 100 francs. (C. for., art. 177.)

Si les condamnations encourues s'élèvent à plus de 100 fr., les procès-verbaux peuvent être corroborés et combattus par toutes les preuves légales. (C. for., art. 178.)

Les procès-verbaux dressés par les gardes sont des actes authentiques auxquels est attachée une présomption légale de vérité, présomption tellement complète, si la constatation du délit a été faite par deux préposés, et même par un seul lorsque les condamnations encourues sont inférieures à 100 fr., que les prévenus n'ont même pas le droit de contester les énonciations de ces actes. Lorsque, au contraire, un procès-verbal qui entraîne des condamnations supérieures à 100 fr. est dressé par un seul préposé, le prévenu peut être admis à combattre, par les preuves légales, les assertions du garde.

On conçoit aisément que la loi n'ait pas voulu donner à un préposé seul le droit de constater dans tous les cas, et sans que ses assertions puissent même être discutées, des délits qui peuvent être suivis de condamnations graves, tandis qu'elle a admis comme authentiquement établis les faits avancés par deux préposés, et même ceux qui sont constatés par un seul lorsque les condamnations encourues sont inférieures à 100 fr.

Les préposés doivent se rendre dignes de la confiance que la loi accorde à leurs actes, en les rédigeant avec un soin scrupuleux. Ils trouveront dans les Exemples qui terminent ce volume des modèles qu'il leur suffira d'imiter, en les modifiant suivant les circonstances ; mais pour que cette rédaction, qui exige une attention très sérieuse, soit bien faite, il est indispensable d'écrire d'abord sur un brouillon le procès-verbal, qui ne devra être transcrit sur le livret et la formule imprimée qu'après une correction consciencieuse. Un procès-verbal ne doit jamais rien contenir qui ne soit de la plus exacte vérité ; les indications hasardées en seront complètement bannies; les rédacteurs relatent les faits qu'ils ont vus, les opérations auxquelles ils ont concouru, et rien de plus.

Au reste, c'est seulement à raison des faits matériels constatés que les procès-verbaux font foi jusqu'à inscription de faux. Quand un préposé certifie qu'il a trouvé et reconnu un délinquant, qu'il a mesuré la grosseur d'un arbre, son assertion est admise comme légalement vraie ; mais s'il fait des appréciations, s'il évalue la grosseur d'un arbre qu'il n'a pas mesuré, s'il affirme que des bois trouvés chez le délinquant proviennent des souches reconnues en forêt, sans le prouver par un retocage réellement effectué, ou par des indications précises tirées de signes matériels de cette identité, ce sont là de simples appréciations qui peuvent être contredites. Les préposés, en effet, ont pu se tromper dans leurs appréciations, tandis que l'erreur n'est pas admissible quand il s'agit de faits qui tombent sous les sens. Ce sont ces derniers seulement dont les prévenus ne sont pas admis à contester l'exactitude.

Pour que les préposés soient en état de reconnaître si les délits qu'ils constatent entraîneront une condamnation supérieure à 100 fr. et si, par conséquent, leurs procès-verbaux font foi jusqu'à inscription de faux, il faudrait qu'ils eussent sur la législation forestière des connaissances approfondies que ce recueil n'est pas destiné à leur donner, et qui leur seraient d'ailleurs inutiles.

Ce qui a été dit au sujet de la foi due aux procès-verbaux doit suffire pour faire comprendre qu'il est utile que les gardes réclament, quand ils le peuvent, le concours de leurs collègues pour constater les délits de quelque importance. Mais lorsque cette assistance est impossible, le préposé qui aura reconnu le délit dressera son procès-verbal, sauf à en appuyer plus tard les assertions par les témoignages qu'il pourra produire.

31. **Témoignages.** — Le rédacteur d'un procès-verbal est souvent cité comme témoin pour éclaircir certains faits que cet acte ne prouve pas d'une manière suffisante. Le préposé ainsi appelé devant le tribunal donnera les explications qui lui seront demandées ; il évitera les détails insignifiants pour s'attacher aux circonstances principales des délits ; il se montrera enfin plus désireux de faire connaître la vérité au magistrat qui l'interroge que de soutenir les assertions contenues dans son procès-verbal. Un garde dont la bonne foi et la véracité sont con-

nues du tribunal est toujours sûr de voir son témoignage accueilli avec confiance.

32. Les auteurs de délits commis dans les bois soumis au régime forestier peuvent, dans certains cas, être admis à transaction. Les préposés doivent fournir à leurs chefs les renseignements de nature à les éclairer sur la moralité et la position de fortune et de famille des délinquants.

Ces renseignements sont compris dans un bulletin (voir Exemple n° 2 bis) qui sera rempli par le rédacteur du procès-verbal et joint à cet acte.

33. La surveillance demande une activité soutenue, une grande fermeté. La constatation exige de la pénétration et beaucoup de prudence.

C'est sans cris, sans emportement, qu'un bon garde sait s'acquitter de ses fonctions ; il doit se montrer sévère, mais jamais violent vis-à-vis des délinquants. Il évitera les altercations toujours inutiles et souvent dangereuses ; il sera ferme sans cesser d'être poli. Rien n'est plus propre à inspirer le respect et la crainte qu'un homme qui ne menace jamais et qui sait accomplir son devoir en restant calme et froid.

CHAPITRE II

CONSTATATION DES DÉLITS

Coupe et enlèvement de bois. — Arbres de 2 décimètres et au-dessus. — Usage de la scie. — Souchetage. — Identité. — Coupe et enlèvement de bois de moins de 2 décimètres. — Coupe de plants. — Arrachis de plants. — Vols de bois. — Port de scie, etc. — Mutilation, écorcement d'arbres. — Enlèvement de chablis et bois de délits. — Extraction et enlèvement de produits autres que les bois. — Introduction de voitures et bêtes de somme dans les forêts. — Feux à distance prohibée. — Incendies. — Refus de secours. — Élagages. — Constructions à distance prohibée. — Exceptions. — Scieries, surveillance. — Pâturage. — Droits de parcours. — Garde séparée. — Marques. — Clochettes. — Commerce de bestiaux. — Nombre de bestiaux. — Défrichement. — Prohibitions. — Exceptions. — Coupe à blanc étoc. — Défrichement des bois communaux. — Dégradations. — Usurpations. — Rébellion, injures, menaces. — Tabacs. — Roulage.

34. De tous les délits qui peuvent être commis dans les forêts, ceux qui sont désignés sous le nom général de *délits de coupe et enlèvement de bois* sont les plus fréquents. Ce sont aussi ceux dont la constatation présente le plus de difficultés.

Nous allons faire connaître ici les renseignements

spéciaux que doivent contenir les procès-verbaux dressés à raison d'infractions de cette nature, en examinant, d'après les textes de la loi, les circonstances caractéristiques de ces infractions, afin de faire comprendre pourquoi les procès-verbaux doivent les indiquer.

Il est bien entendu que cet examen ne portera que sur celles de ces circonstances qui sont spéciales aux délits dont il s'agit, et non sur celles plus générales qui peuvent se présenter dans la constatation de tous les délits. Les détails contenus dans le chapitre précédent nous dispenseront de répéter pour chaque nature d'infraction ce que nous avons dit relativement aux indications à donner sur le lieu et l'heure des délits, la désignation des délinquants, les particularités de chaque contravention et les formalités qui suivent la constatation.

35. **Coupe et Enlèvement de Bois.** — Le Code forestier distingue, quant à l'application de la peine, deux catégories de délits de coupe et enlèvement de bois, suivant que les arbres ont 2 décimètres et plus de circonférence, ou qu'ils sont d'une dimension inférieure à 2 décimètres.

Pour les bois de 2 décimètres et au-dessus, la peine se détermine d'après l'essence et la circonférence des arbres coupés ou enlevés. (C. for., art. 192.)

Pour les bois de moins de 2 décimètres, la peine est fixée suivant leur quantité, évaluée d'après le mode d'enlèvement. (C. for., art. 198.)

Il faut donc que les procès-verbaux fassent exactement connaître, dans le premier cas, l'essence et la circonférence de tous les arbres abattus en délit, et que, dans le second, ils en indiquent exactement la quantité.

Pour faciliter l'intelligence de ces distinctions, nous examinerons un cas assez simple : celui où un délinquant est rencontré au moment où il abat un arbre de plus de 2 décimètres, et nous déduirons de l'examen du procès-verbal dressé en ces circonstances les règles qui doivent guider dans les cas plus compliqués.

36. **Arbres de 2 Décimètres et au-dessus.** — Après avoir fait connaître le jour, le lieu et l'heure où il a reconnu le délit, et désigné les délinquants, le rédacteur du procès-verbal indiquera le nombre, l'essence et la circonférence des arbres dont l'abatage est effectué ou commencé.

La désignation des essences ne doit présenter aucune difficulté, les gardes connaissant toutes les espèces principales des arbres qui se trouvent dans leurs triages.

La circonférence des arbres se mesure à la chaîne et s'exprime en décimètres. Les fractions de décimètre ne sont pas comptées. Ainsi un arbre de 49 centimètres de tour ne sera compté que pour 4 décimètres.

Le procès-verbal indiquera d'une manière précise que le préposé a procédé au mesurage. Ainsi, il ne suffit pas que le rédacteur exprime qu'il a vu couper un arbre mesurant 5 décimètres de tour ; il faut qu'il dise qu'il a mesuré cet arbre et qu'il lui a trouvé une circonférence de 5 décimètres.

La circonférence se mesure à 1 mètre du sol si les arbres sont encore sur pied ou s'ils sont gisants ; elle se mesure sur la souche si les bois sont enlevés et façonnés.

Si la souche elle-même est enlevée et si l'on trouve l'arbre équarri, on mesurera les faces de l'équarrissage ; le tour sera calculé dans la proportion d'un cinquième en sus de la dimension totale des quatre faces de l'arbre équarri. (C. for., art. 193.)

Si enfin la souche et le corps de l'arbre sont enlevés, la dimension sera donnée par celle des écorces et copeaux trouvés sur le lieu du délit, par les traces de l'extraction, et enfin par les renseignements que le rédacteur du procès-verbal aura pu se procurer, soit auprès des délinquants eux-mêmes, soit auprès des personnes qui auront vu exploiter, enlever ou façonner l'arbre. (C. for., art. 193.)

La valeur des arbres doit être indiquée. On la déterminera par le prix des bois de même nature sur le lieu du délit. Le procès-verbal fera aussi connaître si l'abatage ou l'enlèvement a occasionné du dommage; il en indiquera le montant. Ce dommage s'évalue d'après l'importance que les bois abattus pouvaient avoir pour le maintien du massif; il dépend aussi de l'âge et de la vigueur de ces bois. C'est une erreur de croire que le dommage doit toujours être évalué au chiffre de l'amende encourue. Le rédacteur d'un procès-verbal n'a pas à se préoccuper de la pénalité que le tribunal infligera; il doit se borner à apprécier, d'après les circonstances, la valeur réelle du dommage causé par le délit. — L'enlèvement de bois morts ou dépérissants peut n'occasionner aucun dommage; celui de brins de semis, d'arbres d'avenir ou de porte-graines destinés à compléter le couvert de cantons à repeupler, cause au contraire un dommage considérable. — Le garde fera donc connaître si les bois abattus étaient vifs ou secs.

Son procès-verbal indiquera les instruments employés par les délinquants.

37. **Usage de la Scie.** — Cette désignation est surtout importante si ces derniers ont fait usage de la scie, car l'emploi de cet instrument entraîne une amende double. (C. for., art. 201.)

Le rédacteur du procès-verbal fera connaître si la saisie des instruments de délit a été effectuée ou s'ils ont été laissés entre les mains des délinquants. Il indiquera enfin s'il a apposé sur les bois abattus ou enlevés l'empreinte de son marteau, et si ces bois ont été abandonnés par les délinquants ou s'ils ont refusé de s'en dessaisir. (Voir Exemple n° 1.)

Dans le cas fort simple où le délinquant est trouvé en flagrant délit d'abatage, tous les éléments de la constatation se trouvent réunis, et les préposés n'ont qu'à relater les faits dont ils ont été témoins. Mais si, comme il arrive fréquemment, les gardes n'ont pas vu opérer l'abatage, ils ne peuvent établir la culpabilité des personnes qu'ils trouvent en possession des bois enlevés qu'en prouvant l'identité de ces bois avec ceux pris en forêt; cette identité ne peut s'établir qu'à l'aide du souchetage ou d'indications tellement précises qu'elles puissent remplacer cette opération.

38. **Souchetage.** — Le souchetage, retocage ou rapatronage consiste à rapprocher de la souche les bois qu'on suppose en provenir, afin de vérifier s'ils s'y adaptent. Cette opération est rarement praticable d'une manière complète, à raison des difficultés du transport. On y supplée au moyen du rapatronage partiel des copeaux ou écorces dont la coupure, la nuance et les veines font aisément reconnaître l'origine.

Lorsqu'un préposé reconnaîtra que des arbres ont été abattus et enlevés en délit, il mesurera exactement les souches, en annotera le nombre, l'essence et les dimensions ; il indiquera si l'abatage a été opéré à l'aide de haches ou de scies, si la découpe présente quelques signes particuliers, comme raies et dentelures produites par les brèches des instruments employés par les délinquants. L'état plus ou moins prononcé de fraîcheur de la découpe, sa coloration, feront connaître l'époque probable du délit. Muni de ces renseignements, qui seront tous mentionnés au procès-verbal, le garde suivra les traces que les délinquants auront laissées sur leur passage. Il se renseignera sur la direction qu'ils auront prise, et quand il aura retrouvé les bois, soit au moyen de perquisitions faites avec les formalités indiquées au chapitre précédent, si le produit du délit a été transporté dans des lieux habités, soit par ses recherches dans l'intérieur de la forêt ou dans les champs voisins où ces bois auraient été déposés, il comparera les renseignements recueillis sur le nombre, l'essence et les dimensions des souches avec les indications analogues prises sur les bois qu'il suppose provenir de ces mêmes souches.

39. **Identité.** — Si l'identité paraît établie, il procédera au retocage complet, s'il est possible, partiel dans le cas contraire. — Il frappera de son marteau les extrémités des pièces de bois retrouvées pour que la découpe n'en soit pas modifiée. Il re-

cherchera parmi les instruments possédés par les détenteurs du bois, s'il s'en trouve dont le tranchant s'adapte aux marques laissées sur les souches. Les indications de nature à prouver l'identité des bois devront être données d'une manière précise, afin que les juges trouvent dans le procès-verbal tous les éléments d'une certitude complète. Le garde désignera les détenteurs des bois ainsi enlevés en délit; il saisira ces bois et les mettra en séquestre, suivant les règles tracées au chapitre précédent. (Voir Exemple n° 2.) Le procès-verbal qu'il rédigera devra, comme dans le cas précédent, indiquer la valeur des arbres enlevés et le dommage causé par leur extraction.

40. **Coupe et Enlèvement de Bois de moins de 2 Décimètres.** — Lorsque le délit porte sur des bois de moins de 2 décimètres de circonférence, la peine se détermine, non plus d'après les dimensions, mais bien d'après la quantité des brins exploités ou enlevés. Cette quantité s'évalue en fagots, charges d'homme, de bêtes de somme ou de voiture. (C. for., art. 194.)

Cette évaluation ne présente aucune difficulté quand les préposés ont vu commettre le délit, ou quand les moyens de transport sont connus. Si, par exemple, le délinquant est rencontré chargé d'un faix de bois ou s'il résulte des traces laissées par les roues que l'enlèvement a été opéré par une voiture, le mode d'évaluation des bois est tout indiqué : ce sera, dans le premier cas, une charge d'homme, quel que soit d'ailleurs le poids ou le volume des bois ainsi enlevés ; ce sera, dans le deuxième, une charge de voiture, quand bien même la voiture n'aurait transporté qu'un fagot ; mais si les bois de délit sont trouvés sur place ou en la possession des délinquants, sans qu'il y ait aucun indice relatif au mode de transport qui sera ou a été employé pour les enlever, la quantité en sera évaluée en charges d'homme, si les bois, objets du délit, ne sont pas en quantité suffisante pour former une charge de bête de somme ; en charges de bête de somme, si ces bois ne peuvent former un chargement de voiture ; enfin en charretées ou charges de voiture, si les bois exploités sont en trop grande quantité pour être transportés à dos d'homme ou de bête de somme.

Il y a cependant à distinguer le cas où les bois enlevés seraient liés en fagots. A moins de circonstances particulières démontrant que le transport en a été opéré à l'aide de voitures ou de bêtes de somme, il y a présomption que les délinquants ont transporté ou transporteront les fagots à dos d'homme ; le nombre de ces fagots devra donc être indiqué.

Le procès-verbal fera connaître, comme nous

l'avons indiqué dans les paragraphes précédents, l'essence et l'âge des bois abattus, leur valeur, le dommage. — Il relatera, hors le cas de flagrant délit, les preuves de l'identité, et, s'il y a lieu, la saisie et la mise en séquestre.

Lorsque l'évaluation des bois de moins de 2 décimètres est faite par voiture, le procès-verbal devra faire connaître le nombre d'animaux dont l'attelage se compose. (Voir Exemple n° 6.)

41. **Coupe de Plants.** — Si les brins coupés sont de jeunes arbres plantés ou semés de main d'homme depuis moins de cinq ans, l'évaluation n'en sera plus faite d'après la règle établie pour les délits commis dans les recrûs naturels. La peine, dans ce cas particulier, se détermine par le nombre de brins coupés. (C. for., art. 194.) Le procès-verbal devra donc indiquer exactement l'essence et le nombre des brins ainsi exploités ; il mentionnera d'une manière précise que ces brins proviennent d'un semis artificiel ou d'une plantation dont la date sera relatée.

42. **Arrachis de Plants.** — L'arrachis de plants dans les forêts est puni de peines plus sévères que la coupe de ces mêmes bois ; l'amende peut varier de 10 à 300 fr., et il peut, en outre, être prononcé un emprisonnement de cinq jours. Si le délit a été commis dans un semis ou plantation exécuté de

main d'homme, il sera prononcé, outre l'amende, un emprisonnement de quinze jours à un mois. (C. for., art. 195.) Les procès-verbaux doivent, pour faire apprécier l'importance du délit, indiquer le nombre et l'essence des brins arrachés, les instruments à l'aide desquels l'extraction a été faite, la valeur des brins, le dommage. Ces renseignements, communs à tous ces délits, sont indispensables dans tous les cas. Si les plants ont été arrachés dans des semis artificiels ou des plantations, le procès-verbal l'indiquera.

43. Vols de Bois. — On appelle plus particulièrement *vol de bois* l'enlèvement frauduleux des bois exploités et façonnés. — Ce délit ne rentre pas dans la classe des délits forestiers proprement dits; il est prévu et puni par le Code pénal. Les procès-verbaux qui sont destinés à constater des infractions de cette nature doivent indiquer la vente d'où les bois ont été enlevés, les auteurs de l'enlèvement, ou du moins les présomptions de culpabilité des individus soupçonnés, les moyens employés pour détourner ces bois, les personnes qui ont coopéré au délit, soit en recélant les bois volés, soit en facilitant leur vente.

Ce sont souvent les ouvriers ou facteurs qui se rendent coupables de ces abus de confiance. Les préposés doivent exercer sur eux une surveillance assidue, et s'ils sont sur la voie de quelque détournement, ils préviendront, soit les facteurs, soit les adjudicataires, et se concerteront avec eux pour découvrir les coupables.

44. **Port de Haches, Scies, etc.** — L'art. 146 du Code forestier punit d'une amende de 10 fr. quiconque est trouvé dans les forêts, hors des routes et chemins ordinaires, muni de serpes, haches, scies et autres instruments de même nature. La confiscation desdits instruments est une conséquence de la condamnation des contrevenants.

Cette disposition a pour objet de prévenir les délits en écartant des forêts les maraudeurs qui s'y introduisent avec des instruments d'abatage.

Il suffit qu'un individu soit rencontré dans les forêts, hors des routes et chemins ordinaires, et porteur d'instruments propres à couper le bois, pour qu'il soit en contravention. Par routes et chemins ordinaires, on entend les routes nationales, départementales, les chemins vicinaux et communaux. Les lignes et laies sommières établies pour le seul service des forêts ne sont pas des chemins ordinaires, et nul ne peut les traverser avec des instruments d'abatage.

45. Les ouvriers des ventes qui, par leur profession, sont obligés de s'introduire dans les forêts sont naturellement exceptés des prohibitions de l'ar-

ticle 146. Si les individus trouvés en état de contravention aux dispositions de cet article se prétendent employés aux travaux des coupes, les préposés devront s'assurer de l'exactitude de leur assertion et verbaliser si elle est reconnue fausse. — Les procès-verbaux dressés à raison de contraventions de cette nature feront connaître le nombre et l'espèce d'instruments dont les prévenus ont été trouvés munis, et le lieu précis où ils ont été rencontrés, en spécifiant, quand c'est sur une laie sommière, un sentier ou une ligne, que cette voie n'est pas publique, mais bien ouverte pour le service exclusif de la forêt.

La saisie des instruments devra être opérée et constatée sur le procès-verbal.

46. **Mutilation, Écorcement d'Arbres.** — Ceux qui, dans les bois et forêts, auront éhoupé, écorcé ou mutilé des arbres, ou qui en auront coupé les principales branches, seront punis comme s'ils les avaient abattus par le pied. (C. for., art. 199.)

Les procès-verbaux rédigés pour des délits de cette espèce doivent contenir les mêmes renseignements que ceux dressés à raison de délits de coupe et enlèvement de bois. Ainsi ils indiqueront l'essence et la grosseur des arbres mutilés, écorcés ou ébranchés, leur valeur et le dommage qui leur a été causé. (Voir Exemple n° 4.)

S'il s'agit d'ébranchements, le rédacteur du procès-verbal devra en outre faire connaître la grosseur des branches coupées, en mentionnant que ce sont des branches *principales*. On considère comme branches principales celles dont l'abatage est de nature à occasionner à l'arbre un dommage appréciable. L'enlèvement de menues brindilles constitue le délit de coupe de bois de moins de 2 décimètres, et doit être constaté suivant les règles tracées au § 40.

47. **Enlèvement de Chablis et Bois de Délit.** — L'enlèvement des bois rompus par le vent ou autres accidents, celui des bois de délit, est puni des mêmes peines que le même délit commis sur des bois sur pied. (C. for., art. 197.) Les procès-verbaux devront donc contenir toutes les indications que nous avons déjà mentionnées. — Il est évident que l'enlèvement des chablis, de même que celui des bois abattus par d'autres délinquants, n'occasionne aucun dommage ; il n'y aura donc pas lieu d'assigner le montant du dommage causé ; mais la valeur des bois enlevés devra être indiquée. L'enlèvement des bois de lignes constitue le délit prévu par l'article 197.

L'enlèvement des chablis, volis, bois de lignes et autres bois abattus constitue le délit qualifié de *vol de bois*, si ces bois ont été mis en adjudication et vendus.

48. **Extraction et Enlèvement de Produits autres que les Bois.** — Toute extraction, tout enlèvement de produits quelconques des forêts opéré sans l'autorisation préalable du conservateur constitue le délit puni par l'article 144 du Code forestier, d'une amende de 10 à 30 fr. par voiture et par bête attelée; de 5 à 15 fr. par charge de bête de somme, et de 2 à 6 fr. par charge d'homme. Il pourra en outre être prononcé un emprisonnement de trois jours au plus. Les termes : *produits quelconques* comprennent non seulement les productions végétales, comme feuilles, graines, herbes, genêts, mais encore les matériaux, tels que terres, pierres, sable, tourbe, etc., qui peuvent être extraits du sol forestier.

Le fait seul de l'extraction ou du ramassage de ces productions constitue le délit, quand même l'enlèvement ne serait pas encore effectué.

Les procès-verbaux que les gardes auront à dresser à raison de ces infractions devront indiquer la nature des produits extraits, ramassés ou enlevés, leur quantité; la quantité se détermine d'après les règles exposées au § 40. On évaluera en charges d'homme les produits qui ne sont pas en quantité suffisante pour former une charge de bête de somme; en charges de bêtes de somme ceux qui ne suffiraient pas à former un chargement de voiture, et enfin en charretées ceux qui sont trop lourds ou trop volumineux pour être transportés d'une autre manière. — Lorsque le mode d'enlèvement est connu, le rédacteur du procès-verbal se bornera à mentionner le moyen de transport employé. Si, par exemple, les préposés rencontrent les délinquants chargés des objets frauduleusement extraits ou transportant les mêmes produits à l'aide de bêtes de somme ou de voiture, la seule mention du moyen de transport suffit pour déterminer la peine. — Mais si, au contraire, les productions extraites sont trouvées sur le lieu même du délit ou au domicile des prévenus, sans que rien fasse connaître le moyen qu'ils emploieraient ou qu'ils ont employé pour les enlever, l'évaluation devra être faite d'après les règles tracées plus haut.

49. Le procès-verbal indiquera la valeur des objets enlevés, les instruments à l'aide desquels l'extraction a été faite, et le dommage qui en est la conséquence. Le dommage s'apprécie suivant les cas ; il est nul lorsque les produits enlevés n'ont pas d'importance au point de vue forestier, et que d'ailleurs leur extraction s'opère sans dégâts pour le sol (voir Exemple n° 5) ; ainsi l'enlèvement des herbes, mousses, ronces, peut n'occasionner aucun dommage.

Les extractions de matériaux, feuilles mortes,

semences, causent souvent un dommage important, dont on tiendra compte en indiquant au procès-verbal la dépense à faire pour rétablir les lieux dans l'état où ils étaient avant le délit. (Voir Exemple n° 7.)

Si l'enlèvement est opéré à l'aide de voitures, le rédacteur du procès-verbal indiquera le nombre et l'espèce des bêtes attelées.

La saisie et la mise en séquestre des objets du délit, des bêtes de somme, voitures et attelages, sera opérée si les prévenus n'offrent pas de garantie de solvabilité. (Voir Exemple n° 6.) On se dispensera de procéder à la saisie dans le cas contraire. (Voir Exemple n° 7.) Lorsque les préposés n'auront pas rencontré les prévenus en flagrant délit et qu'il leur aura fallu procéder à des perquisitions pour retrouver les productions enlevées, ils devront mentionner avec soin les preuves tirées des traces de l'enlèvement, des témoignages recueillis et celles déduites de la comparaison des objets du délit avec les productions similaires de la forêt, pour en établir l'identité. — On ne peut, pour des produits de cette nature, procéder au rapatronage comme pour des arbres enlevés; mais le plus ou moins de fraîcheur, la couleur, l'apparence extérieure, sont des signes précieux qui, réunis à d'autres indications, permettront d'établir l'origine frauduleuse des herbages, graines et matériaux trouvés chez les délinquants.

50. **Introduction de Voitures et Bêtes de somme dans les Forêts.** — Ceux dont les voitures, bestiaux, animaux de charge et de monture seront trouvés dans les forêts hors des chemins ordinaires seront condamnés, savoir : par chaque voiture à une amende de 10 fr. pour les bois de dix ans et au-dessus, et de 20 fr. pour les bois au-dessous de cet âge ; par chaque tête de bestiaux non attelés, aux amendes fixées pour délit du pâturage, le tout sans préjudice des dommages-intérêts. (C. for., art. 147.)

L'infraction prévue par l'article précité se constate de la même manière que les délits de pâturage, lorsque les bestiaux, bêtes de somme ou de monture, sont trouvés non attelés dans les forêts. Nous renvoyons donc au §62 pour toutes les indications que devront renfermer les procès-verbaux dressés dans ce cas.

51. L'introduction des voitures dans l'intérieur des massifs et sur les voies de vidange et chemins non publics établis pour le service des forêts constitue le délit désigné sous la dénomination de *faux chemin*.

Les procès-verbaux destinés à constater des infractions de cette espèce indiqueront d'une manière très précise le lieu où le délit a été commis, en faisant connaître si les voitures ont pénétré dans l'intérieur des massifs ou si elles ont seulement suivi des chemins pratiqués, mais non publics.

Nous avons précédemment expliqué ce que l'on

doit entendre par *chemins ordinaires.* (Voir § 44.) Ce sont les seules voies dont la fréquentation est libre pour tout le monde; les laies sommières, chemins de vidange et de desserte sont spécialement affectés au service des forêts, et aucune voiture ne doit y passer, à l'exception de celles employées au service des ventes. Nous traiterons, au chapitre suivant, des obligations auxquelles les adjudicataires sont assujettis pour se servir de ces voies de transport, et des peines qu'ils encourent lorsqu'ils s'en écartent. L'infraction dont nous avons à nous occuper actuellement est celle qui est commise par des personnes étrangères aux exploitations.

Le rédacteur du procès-verbal fera connaître, quand les voitures auront pratiqué des chemins nouveaux, le montant du dommage causé, en évaluant le nombre de brins, cépées et arbres brisés ou foulés. Il indiquera la longueur du parcours. — L'âge des bois traversés est un des éléments de la peine, puisque l'amende est double lorsqu'ils sont au-dessous de dix ans : le procès-verbal devra faire connaître ce renseignement. Nous avons tracé au chap. Ier, § 15, les règles à suivre pour la détermination de l'âge des peuplements. Nous renvoyons à ces indications.

52. **Feux à Distance prohibée.** — Il est défendu de porter ou allumer du feu dans l'intérieur et à la

distance de 200 mètres des bois et forêts, sous peine d'une amende de 20 à 100 fr. (C. for., art. 148.)

Le fait seul d'avoir porté ou allumé du feu dans l'intérieur ou à moins de 200 mètres des forêts constitue le délit prévu par l'article 148, quand bien même il n'en serait résulté aucun accident.

La distance se mesure en ligne droite, du point où le feu a été allumé à la limite la plus rapprochée de la forêt.

Les procès-verbaux qui constatent ces délits en désigneront les auteurs; ils feront connaître en mesures métriques la distance à la forêt des foyers les plus rapprochés de sa limite, et si les bois destinés à alimenter le feu proviennent des forêts, ils contiendront les renseignements relatifs aux délits d'enlèvement de bois. (Voir Exemple n° 9.)

Les écobuages sur les terres situées à moins de 200 mètres des forêts ne peuvent être pratiqués sans autorisation préalable.

C'est au préfet qu'il appartient d'accorder ces autorisations. — Les conditions imposées aux cultivateurs sont indiquées dans l'arrêté qui est communiqué au garde du triage.

Ce dernier doit être prévenu du jour où les fourneaux seront allumés; il fera prendre les précautions convenables pour surveiller la combustion et éviter les accidents.

53. **Incendies.** — Lorsque des feux allumés dans l'intérieur ou à une distance quelconque des bois auront occasionné un incendie, le garde du triage prendra de suite les mesures nécessaires pour en arrêter les progrès : il réclamera le concours des riverains, organisera le plus promptement possible les secours, en formant des escouades de travailleurs. — Les incendies dans les taillis peuvent être souvent arrêtés au moyen de longues perches avec lesquelles on bat les cépées pour empêcher la propagation du feu. Dans les bois résineux, il est quelquefois nécessaire d'ouvrir des tranchées destinées à séparer la partie incendiée des cantons voisins. — On profitera des chemins ouverts pour cerner le feu dans un canton déterminé ; tous les secours seront alors dirigés de manière à préserver les autres parties de la forêt. — Les femmes et les enfants seront employés à éteindre les matières enflammées qui, projetées au loin sur les gazons desséchés, propageraient l'incendie sur les parties préservées.

Tout en s'efforçant d'arrêter la marche du feu, les préposés ne négligeront pas d'en rechercher l'origine. Ils examineront le point de départ de l'incendie ; ils s'assureront si le foyer primitif n'a pas été allumé par malveillance. Il y a présomption que l'incendie est le résultat de la malveillance s'il est allumé dans les cantons peu fréquentés, s'il y a plusieurs foyers primitifs, si les résidus carbonisés de ces foyers offrent des traces d'arrangements faits de main d'homme.

Les gardes prendront auprès des personnes qui ont parcouru la forêt le jour du sinistre les renseignements nécessaires pour connaître aussi exactement que possible le point et l'heure où le feu a été allumé, les individus qui ont été vus dans les environs, les circonstances qui peuvent faire diriger les soupçons sur certains d'entre eux. — Le garde du triage dans lequel un incendie a éclaté doit en informer sans délai le chef de cantonnement. Si le sinistre prend des proportions considérables, il lui enverra un exprès ; la présence des agents, toujours très utile pour les mesures urgentes et pour la constatation de l'incendie, devient indispensable lorsque le feu a occasionné de grands dégâts. — Dans ce cas, c'est le chef de cantonnement qui rédige le procès-verbal. Si, au contraire, l'incendie a été éteint avant d'avoir causé de grands dommages, le garde local se bornera à faire connaître le sinistre à son chef, et il rédigera lui-même le procès-verbal. Cet acte devra contenir tous les renseignements relatifs à la constatation en elle-même, et à la désignation des coupables, s'il y a lieu ; il fera de plus connaître l'étendue des parties incendiées et le montant du dommage.

54. **Refus de Secours.** — Les personnes qui, sans motifs légitimes, refusent ou négligent de porter secours en cas d'incendie dans les forêts sont passibles d'une amende de 5 à 10 fr. (C. pén., art. 475.) Si ces mêmes personnes ont droit d'usage dans lesdites forêts, elles peuvent être privées de ces droits pendant un an au moins et cinq ans au plus. (C. for., art. 149.)

Les procès-verbaux que les gardes sont dans le cas de rédiger contre ceux qui, en étant requis, refuseraient de porter secours en cas d'incendie, devront indiquer d'une manière expresse que la réquisition a été faite, car il faut cette circonstance pour motiver l'application de la peine. — Ces actes indiqueront en outre la qualité d'usagers, si les prévenus jouissent de quelques droits de cette nature dans la forêt incendiée. (Voir Exemple n° 10.)

55. **Élagages.** — Dans le droit civil, tout propriétaire a le droit de contraindre son voisin à élaguer les branches qui s'avancent sur son terrain. En matière forestière, ce droit est restreint à l'élagage des arbres qui avaient moins de 30 ans en 1827. (C. for., art. 140.) — Au surplus, le riverain n'a jamais le droit de faire de son chef élaguer les arbres qui s'avancent sur son terrain.

Cette opération, quelle que soit la situation des arbres relativement aux propriétés riveraines, ne peut être faite sans l'autorisation du conservateur.

Tout élagage pratiqué sans cette autorisation rentre dans la classe des délits ordinaires et doit être constaté comme ceux-ci.

56. **Constructions à Distance prohibée.** — Les dispositions prohibitives contenues dans les articles 151, 152, 153, 154 et 155 du Code forestier peuvent se résumer ainsi :

Il ne peut être établi sans autorisation :

1° Aucun four à chaux ou à plâtre, aucune briqueterie, tuilerie, maison sur perche, loge, baraque ou hangar dans l'enceinte et à moins d'un kilomètre de distance des bois et forêts;

2° Aucune maison ou ferme, à moins de 500 mètres des forêts domaniales ou des bois communaux contenant plus de 250 hectares;

3° Aucune usine à scier le bois dans l'enceinte et à moins de 2 kilomètres des forêts;

4° Aucun atelier à façonner le bois, aucun magasin ou chantier destiné au commerce des bois dans les maisons situées à moins de 500 mètres.

Exceptions : Les maisons d'habitation, usines, ateliers ou magasins qui font partie de villages ou hameaux formant une population agglomérée ne sont pas soumis aux prohibitions qui précèdent; ces constructions peuvent être élevées sans autorisation.

Les procès-verbaux rédigés pour les contraventions comprises aux nos 1, 2 et 3 doivent, autant que possible, être dressés par deux gardes; ils indiqueront la nature de la construction, sa destination et la distance où elle se trouve de la forêt la plus voisine. (Voir Exemple n° 11.)

Cette distance se mesure en ligne droite, à partir de *la limite* du bois la plus rapprochée de la construction.

S'il s'agit d'une ferme ou maison d'habitation établie à moins de 500 mètres d'un bois communal, le procès-verbal devra faire connaître si ce bois a une contenance supérieure à 250 hectares, circonstance nécessaire pour qu'il y ait contravention.

Au reste, les préposés feront bien de prévenir, dès le commencement des constructions, les propriétaires qui ne seraient pas munis d'autorisation, de faire suspendre les travaux. Ils en référeront immédiatement au chef de cantonnement, qui prescrira les mesures à prendre.

En ces matières, comme en toutes celles où il s'agit de délits permanents d'une certaine gravité, il convient que les gardes attendent l'impulsion de leurs chefs avant de dresser leurs procès-verbaux. Il n'y a aucun inconvénient à retarder la constatation, quand le corps du délit ne peut être ni enlevé ni dissimulé, et il y a de grands avantages à ne recourir aux voies de répression qu'autant qu'il est impossible d'agir autrement.

57. Les propriétaires ou locataires de maisons situées à moins de 500 mètres des bois domaniaux et des bois communaux d'une contenance supérieure à 250 hectares ne peuvent y établir aucun atelier, chantier ou magasin propres à façonner, débiter ou faire le commerce de bois, à moins que cette maison ne fasse partie de villages ou de hameaux formant une population agglomérée.

Les autorisations que délivre le préfet doivent précéder l'établissement des chantiers ou ateliers. Elles sont personnelles et doivent être renouvelées en cas de changement de propriétaire ou de locataire.

Les procès-verbaux rédigés pour ces contraventions feront connaître si la personne qui a établi l'atelier ou le magasin est propriétaire ou locataire de la maison, et la distance de cette maison au bois le plus rapproché.

58. Il n'est le plus souvent pas nécessaire de donner exactement le chiffre de cette distance; il est évident que si la maison est à 50, 100, 200 mètres de la forêt, il ne peut y avoir d'erreur; il suffira donc d'indiquer dans ce cas la distance approximative; mais si la maison se trouve près des limites du rayon de prohibition, entre 400 et 500 mètres par exemple, une indication approximative n'est plus suffisante; il devient même nécessaire de procéder

à un véritable chaînage si la mesure prise d'abord au pas laisse quelque doute.

Cette observation s'applique à toutes les circonstances où il y a lieu de déterminer les distances légales en matière forestière.

Les procès-verbaux devront encore faire connaître la nature de l'atelier ou du commerce établi, la quantité des marchandises façonnées ou disposées pour le travail et la valeur de ces marchandises.

Pour recueillir ces renseignements, il est indispensable de visiter l'établissement, et, comme nous l'avons vu précédemment, les employés forestiers ne peuvent s'introduire dans les maisons servant à l'habitation sans l'assistance d'un des fonctionnaires désignés en l'article 161 du Code forestier ; ils procéderont donc comme pour les visites domiciliaires ordinaires et déclareront la saisie des bois servant au commerce ou à la fabrication illicites. (Voir Exemple n° 12.)

59. **Scieries.** — Les usines à scier le bois, lorsqu'elles ne font pas partie de villages ou hameaux et qu'elles sont situées à moins de 2 kilomètres des forêts, sont soumises à certaines mesures de surveillance rendues nécessaires par la grande facilité avec laquelle les bois de délit peuvent y être dénaturés. Nous avons vu, chapitre I, § 25, que ces établissements peuvent être visités par les gardes sans l'as-

sistance des fonctionnaires dénommés en l'article 161, pourvu que le préposé soit assisté d'un de ses collègues ou de deux témoins domiciliés dans la commune; ils sont de plus assujettis à ne débiter aucun bois qui ne soit au préalable reconnu et marqué par les employés forestiers. (C. for., art. 158; Ord., art. 180.)

60. Les formalités relatives à cette reconnaissance sont les suivantes :

Le propriétaire remet à l'agent local une déclaration détaillée des arbres, billes ou tronces qu'il veut faire transporter dans la scierie ou dans les bâtiments et enclos qui en dépendent ; cette déclaration indique la provenance des bois, leur nombre et le lieu du dépôt.

L'agent transmet cette déclaration au garde du triage duquel dépend la scierie. Celui-ci procède immédiatement à la reconnaissance des bois, dont la quantité et les dimensions doivent être conformes à la déclaration faite. Cette reconnaissance a pour but de s'assurer que les bois ne proviennent pas de délits ; elle doit être faite dans les cinq jours de la déclaration; passé ce délai, le propriétaire de la scierie peut enlever et faire débiter ses bois. Le garde doit apposer l'empreinte de son marteau sur chaque bille.

Si, dans les visites qu'ils sont tenus de faire des

scieries soumises à leur surveillance, les préposés reconnaissent que des billes non marquées du marteau du garde local ont été introduites dans les cours, chantiers ou bâtiments de l'établissement, ils doivent constater cette contravention par un procès-verbal qui indiquera le nombre et les dimensions des billes non marquées, et le lieu où elles étaient déposées. (Voir Exemple nº 13.)

61. **Pâturage.** — Les délits de pâturage peuvent être commis soit par des usagers qui ne se conforment pas aux règles de police sur l'exercice de leurs droits, soit par des individus qui n'ont aucun droit d'introduire des bestiaux dans les bois. Nous examinerons d'abord les délits dont ces derniers peuvent se rendre coupables; les contraventions aux règlements commises par les usagers ou les habitants des communes propriétaires de bois feront l'objet d'un paragraphe séparé.

62. Le fait seul de l'introduction dans l'enceinte des bois, de porcs, chèvres, moutons, bœufs, chevaux ou autres bêtes de somme, constitue le délit de pâturage, quand même il n'y aurait aucun abroutissement.

L'amende encourue par le propriétaire se règle d'après le nombre d'animaux, leur espèce et l'âge des bois où ils ont été trouvés; elle est fixée à 1 fr. pour un cochon, 2 fr. pour une bête à laine, 3 fr.

pour un cheval ou une autre bête de somme, 4 fr. pour une chèvre, 5 fr. pour un bœuf, une vache ou un veau. Cette amende est double si le bois est âgé de moins de dix ans.

Il peut y avoir lieu à des dommages-intérêts si le procès-verbal constate qu'il y a eu un préjudice causé. (C. for., art. 199.)

Le pâturage des bestiaux dans les vides, clairières, chemins de vidange, et en général dans tous les terrains qui font partie des bois, constitue le délit prévu par l'article 199.

Les procès-verbaux rédigés pour les délits de cette nature indiqueront les noms, prénoms et demeures des propriétaires de bestiaux, ceux des pâtres, l'heure et le lieu du délit, le nombre et l'espèce des animaux trouvés dans l'enceinte des bois. Le signalement des chevaux, bœufs ou autres bestiaux devra être donné, si ce renseignement est nécessaire pour faire reconnaître le propriétaire des animaux.

63. Les gardes distingueront le pâturage exercé sous la direction et la surveillance des bergers, de celui auquel se livrent les bestiaux échappés; le premier est dit *à garde faite* ou *à bâton planté* : il accuse chez le pâtre l'intention de commettre un délit; le pâturage par échappée peut, au contraire, être occasionné par des circonstances accidentelles,

malgré la volonté du pâtre ou du propriétaire des bestiaux.

64. Les bestiaux trouvés sans gardien dans les bois doivent être saisis et mis en séquestre ; ils devront l'être encore quand même le propriétaire en serait connu, s'il n'est pas d'une solvabilité notoire.

L'âge des bois du canton où a été commis le délit de pâturage sera indiqué. (Voir pour la détermination de cet âge le § 16, chap. I.)

Enfin, le procès-verbal fera connaître s'il y a eu dommage causé, soit par l'abroutissement, soit par le passage des bestiaux. (Voir Exemples n°s 14 et 15.)

65. **Droits de Parcours.** — Les habitants des communes propriétaires de bois, les usagers dans les forêts d'État ou des communes, ont le droit d'envoyer leurs bestiaux au parcours en se conformant aux règlements sur l'exercice de ce droit.

Le pâturage ou le panage ne peuvent être exercés que dans les cantons qui auront été déclarés défensables par l'administration forestière. (C. for., art. 67.)

Les chemins par lesquels les bestiaux devront passer pour aller au pâturage ou au panage, et en revenir, seront désignés par les agents forestiers.

La déclaration des cantons défensables et la désignation des chemins sont faites au moyen d'un procès-verbal de reconnaissance approuvé par le conservateur et signifié au maire de la commune ou aux usagers jouissant du droit de parcours en vertu d'un titre distinct.

66. Lorsque les porcs et bestiaux des usagers seront trouvés hors des cantons désignés ou hors des chemins indiqués pour s'y rendre, il y aura lieu contre le pâtre à une amende de 3 à 30 fr.; en cas de récidive, le pâtre pourra être condamné à un emprisonnement de cinq à quinze jours. (C. for., art. 76.)

Pour assurer l'exécution de ces dispositions, les préposés doivent d'abord prendre une connaissance parfaite des limites des cantons défensables et des chemins désignés pour le passage des bestiaux; ils annoteront à cet effet sur leur registre les indications du procès-verbal de défensabilité, qu'ils signifient au maire de la commune usagère ou aux usagers.

S'ils rencontrent les troupeaux admis au parcours hors des limites ou des chemins désignés, ils dresseront un procès-verbal qui fera connaître le nom du pâtre, celui du canton où les bestiaux ont été trouvés endélit, en mentionnant qu'il n'a pas été déclaré défensable, et le nombre d'animaux dont se compose le troupeau trouvé dans les cantons en défens; le procès-verbal devra aussi mentionner, s'il y a lieu, la circonstance de la récidive, l'âge des bois et le dommage causé. (Voir Exemple n° 16.)

67. Le troupeau de chaque commune ou section de commune devra être conduit par un ou plusieurs pâtres communs choisis par l'autorité municipale ; en conséquence, les habitants des communes usagères ne pourront ni conduire eux-mêmes ni faire conduire leurs bestiaux à garde séparée, à peine d'une amende de 2 fr. par tête de bétail.

68. Les porcs et bestiaux de chaque commune ou section de commune usagère formeront un troupeau particulier et sans mélange de bestiaux d'une autre commune ou section de commune usagère, sous peine d'une amende de 5 à 10 fr. contre le pâtre, et d'un emprisonnement de cinq à dix jours en cas de récidive. (C. for., art. 72.)

Des cantons distincts doivent être désignés pour chaque commune ou section de commune jouissant du droit de parcours en vertu de titres spéciaux ; les troupeaux doivent rester dans les limites qui leur sont assignées. Les préposés veilleront à la stricte observation de ces prescriptions et constateront toute contravention par des procès-verbaux qui feront connaître les noms des pâtres dont les troupeaux ont été indûment réunis, celui de la commune ou section qui les emploie, et le canton où ils ont été rencontrés ; si ce canton n'est pas déclaré défensable, le procès-verbal devra contenir les mêmes renseignements que pour le délit de pâturage hors des cantons ouverts au parcours.

69. **Garde séparée.** — Les habitants des communes usagères ne peuvent conduire eux-mêmes leurs bestiaux au parcours ; c'est toujours sous la garde du pâtre nommé par la commune que ces animaux doivent être introduits dans les bois.

Si les bestiaux pâturant à garde séparée sont trouvés dans les cantons défensables, l'amende se règle d'après le nombre des animaux ; comme il n'y a pas de dommage causé dans ce cas, il suffira que les procès-verbaux indiquent le nom du propriétaire du troupeau et celui du pâtre, en mentionnant que ce dernier n'a pas été nommé par la commune et qu'il n'a par conséquent pas qualité pour conduire les animaux au parcours.

Le nombre et l'espèce des bestiaux ainsi gardés seront mentionnés.

Si les cantons dans lesquels le troupeau gardé par le propriétaire ou par un pâtre non désigné par la commune ne sont pas défensables, le procès-verbal que les gardes rédigeront devra contenir les mêmes renseignements que pour un délit de pâturage commis par des individus qui n'ont aucun droit d'introduire des bestiaux dans les bois.

70. **Marques.** — Les porcs et bestiaux seront

marqués d'une marque spéciale ; cette marque devra être différente pour chaque commune ou section de commune usagère. (C. for., art. 73.)

Cette obligation n'est pas imposée pour les porcs et bestiaux des habitants qui exercent le droit de parcours dans les bois possédés en propre par la commune.

Le nombre des animaux marqués ne doit jamais dépasser celui des animaux admis au parcours, d'après le procès-verbal de défensabilité.

C'est une erreur de la part des agents ou préposés qui procèdent à la marque des bestiaux des usagers de croire qu'ils peuvent marquer, dans la prévision qu'ils n'iront pas tous simultanément au pâturage, un nombre d'animaux plus grand que celui fixé par le procès-verbal de défensabilité.

71. **Clochettes.** — Les usagers mettront des clochettes au cou de tous les animaux admis au parcours.

Toutefois ils ne sont pas tenus de mettre des clochettes au cou des porcs admis au panage. (C. for., art. 75.)

Les contraventions à ces prescriptions sont punies, pour la première, d'une amende de 3 fr. pour un animal non marqué; pour la deuxième, de 2 fr. par bête trouvée sans clochette dans les forêts.

Les procès-verbaux auxquels pourraient donner

lieu les infractions à ces deux articles devront indiquer, après le nom du pâtre, celui de la commune dont il surveille les troupeaux, le nombre des animaux non marqués ou dépourvus de clochettes, et le nom de leur propriétaire.

72. **Commerce de Bestiaux.** — Les usagers ne peuvent jouir de leurs droits de pâturage et de panage que pour les bestiaux à leur propre usage et non pour ceux dont ils font le commerce. (C. for., art. 70.)—Les préposés devront veiller à ce que les animaux qui sont l'objet d'un commerce ne soient pas conduits au pâturage ou à la glandée. On ne considère pas comme acte de commerce l'élevage des bestiaux, quoiqu'ils soient destinés à être vendus. Les propriétaires ou fermiers peuvent donc envoyer au pâturage dans les bois les animaux nés ou élevés dans la ferme, mais ils ne doivent pas y envoyer ceux qu'ils achètent pour les revendre.

73. **Chèvres et Moutons.** — Le pâturage des moutons est interdit d'une manière générale. (C. for., art. 78.) A moins d'un décret qui l'autorise, le pacage des moutons doit être réprimé comme délit ; les procès-verbaux qui le constatent doivent contenir les mêmes renseignements que pour les faits de pâturage illicite.

L'introduction des chèvres dans les bois est prohibée d'une manière absolue.

74. **Nombre de Bestiaux.** — Le nombre des bestiaux admis au pâturage ou des porcs admis au panage est indiqué par le procès-verbal de défensabilité ; ce nombre ne peut être dépassé, à peine, pour l'excédent, de l'application des dispositions de l'article 199. (C. for., art. 77.)

Les préposés connaissent, d'après le procès-verbal de défensabilité qu'ils ont signifié, le nombre d'animaux dont l'introduction dans les cantons défensables est autorisée ; ils peuvent donc vérifier dans leurs tournées si les troupeaux conduits au parcours ne sont pas plus considérables qu'ils ne doivent l'être.

Lorsque les troupeaux appartiennent à des communes simplement usagères et non propriétaires des bois où s'exerce le parcours, cette vérification sera facile. Il suffira d'examiner si tous les animaux sont marqués, car la marque faite sous la surveillance des agents ou préposés forestiers ne doit comprendre au plus que le nombre d'animaux fixé par le procès-verbal de défensabilité ; le nombre des bestiaux ou porcs excédant celui que détermine cet acte sera mentionné au procès-verbal, et les propriétaires en seront désignés.

L'obligation de faire marquer les animaux admis au parcours n'étant pas imposée aux habitants des communes propriétaires de bois, on ne pourra désigner le nom des possesseurs des bestiaux trouvés en excédent. Si le troupeau est plus nombreux qu'il ne devrait l'être, les préposés compteront le nombre de bêtes envoyées au parcours par chaque propriétaire, puis, en consultant l'état de répartition dressé par l'autorité municipale, ils reconnaîtront quelles sont les personnes qui ont envoyé au bois plus de bestiaux qu'elles n'avaient le droit de le faire. (Voir Exemple nº 17.)

75. **Défrichements des Bois des Particuliers.** — L'article 219 du Code forestier prohibe tout défrichement opéré sans autorisation préalable. L'autorisation est accordée par le ministre ; toutefois, il n'est pas besoin d'autorisation pour défricher :

1º Les terrains semés ou plantés en bois depuis moins de vingt ans, à moins que ces terrains n'aient été plantés ou semés en exécution d'un jugement pour remplacer des bois défrichés ;

2º Les bois de moins de dix hectares, s'ils ne font pas partie de massifs dont la contenance excède dix hectares et s'ils ne sont pas situés sur le sommet ou la pente d'une montagne ;

3º Les parcs ou jardins clos et attenant aux habitations. (C. for., art. 224.)

76. Pour être en mesure de constater les délits de défrichement, les préposés forestiers doivent prendre une connaissance complète des bois des

particuliers situés dans leur circonscription, les parcourir de temps à autre pour s'assurer qu'il ne s'y effectue aucun défrichement illicite; s'ils reconnaissent dans leurs visites que des défrichements sont pratiqués sans autorisation dans des bois ne rentrant pas dans les exceptions indiquées ci-dessus, ils dresseront un procès-verbal indiquant les noms, prénoms et domicile du propriétaire, la contenance du terrain défriché, et quand le bois a moins de dix hectares, s'il forme avec des bois voisins un massif de dix hectares; le procès-verbal devra indiquer si le bois est situé sur le sommet ou le penchant d'une montagne. Si le défrichement est consommé, le procès-verbal fera connaître la date approximative des derniers travaux.

Les indications relatives aux noms, prénoms et domiciles des propriétaires peuvent être prises au besoin sur les matrices cadastrales; la contenance des terrains défrichés s'exprime en hectares, ares et centiares.

77. L'évaluation d'une surface exige des connaissances le plus souvent étrangères aux préposés; aussi ceux-ci devront-ils, s'ils ne peuvent mesurer eux-mêmes la contenance des terrains défrichés, consulter les plans cadastraux et prendre dans ce document les éléments de leur procès-verbal.

Si le bois défriché comprend une ou plusieurs parcelles entières, ils indiqueront les contenances cadastrales de ces parcelles, leurs numéros et la section dont elles font partie. Si les terrains défrichés sont des portions de parcelles, ils donneront les mêmes renseignements, en indiquant si le défrichement a porté sur le tiers, le quart ou la moitié, ou toute autre fraction de la parcelle désignée. Dans tous les cas où ils n'auront pas procédé eux-mêmes au mesurage, ils mentionneront que leur évaluation est faite d'après le cadastre ou approximativement, suivant les circonstances.

78. **Coupe à blanc Étoc.** — Ce n'est pas seulement le défrichement, c'est-à-dire l'arrachis des arbres et la mise en culture du sol, qui constitue le délit prévu par l'article 219; toute exploitation ayant pour but de transformer un bois en terres, pâturages ou cultures quelconques est considéré comme un défrichement. Ainsi, le fait de couper à blanc étoc des bois résineux peut, dans certains cas, être regardé comme un délit, s'il est accompagné de circonstances qui indiquent l'intention manifeste de transformer le bois en pâturage. Le défrichement peut, au contraire, n'être pas un délit. Ainsi, par exemple, le propriétaire qui fait ouvrir un chemin de vidange à travers sa forêt, quoiqu'il fasse réellement défricher une portion du sol boisé, ne commet aucun délit, et le même propriétaire ne pourrait cependant

faire défricher une parcelle quelconque de la même forêt, pour en faire une prairie ou une terre arable.

79. La coupe à blanc étoc des bois résineux est considérée comme un défrichement, si elle est pratiquée sur des étendues considérables et de manière à rendre le repeuplement naturel impossible, ou si les troupeaux sont introduits dans les parties récemment exploitées. En général, il y a délit de défrichement toutes les fois que des exploitations abusives accusent de la part du propriétaire l'intention manifeste d'empêcher la régénération du bois.

On a considéré aussi comme défrichement le fait d'avoir arraché les souches et cultivé un terrain dépendant d'une forêt, quoique ce terrain fût complètement déboisé.

Enfin, le défrichement d'un terrain forestier, quoique pratiqué avec l'intention manifeste de reboiser, peut encore être regardé comme un délit. Il est toujours difficile d'apprécier, en ces matières délicates, la culpabilité des propriétaires qui font dans leurs bois des opérations telles que l'écobuage, le sartage, l'extraction des souches, etc. Aussi nous pensons que, dans la plupart des cas, les contraventions de cette nature ne peuvent être bien constatées que par les chefs de cantonnement. Les préposés devront donc les prévenir et attendre leurs ordres pour agir.

80. **Défrichement des Bois communaux.** — Les communes ou établissements publics, propriétaires de bois, ne peuvent les faire défricher sans autorisation. (C. for., art. 91.) — Tout défrichement dans les bois de cette catégorie, qu'ils soient ou non soumis au régime forestier, doit être constaté. Toutefois il y a lieu de distinguer les défrichements opérés par les ordres de la commune ou des administrateurs des établissements publics, de ceux qui sont pratiqués sur des terrains communaux boisés, par des délinquants agissant pour leur propre compte. Ces délinquants défrichant un terrain qui ne leur appartient pas ne peuvent être poursuivis comme le seraient les propriétaires réels; ils ne commettent pas, à proprement parler, le délit de défrichement, mais bien celui de coupe ou extraction de bois, de souches ou de gazon. C'est donc seulement sous ce point de vue que les gardes devront rédiger leurs procès-verbaux. Si les terrains boisés sont défrichés par les ordres des administrations locales et pour le compte des communes, sections de communes ou établissements publics, les procès-verbaux dressés par les gardes devront désigner les noms des personnes qui ont pris part aux travaux par leur coopération immédiate, et de celles qui les ont ordonnés et autorisés.

81. Les préposés doivent aussi assurer l'exécution

des jugements qui ordonnent le reboisement des terrains illicitement défrichés ; si les propriétaires ne s'acquittent pas ou s'acquittent mal des obligations qui leur ont été imposées, ils en informeront le chef du cantonnement.

82. **Dégradations.** — Les préposés doivent veiller à la conservation des bornes, fossés, murs, barrières et poteaux de leurs triages ; ils signaleront au chef de cantonnement tous les dégâts qui peuvent y être commis, afin qu'il puisse prendre les mesures nécessaires pour les faire réparer. — Les dégradations seront constatées par des procès-verbaux. La rédaction de ces actes est surtout nécessaire lorsqu'il s'agit de comblements de fossés ou de déplacements de bornes, parce que ces délits compromettent le maintien des limites et facilitent les usurpations.

83. **Usurpations.** — L'usurpation par les riverains de parcelles dépendant des forêts ne constitue un délit forestier qu'autant qu'elle est accompagnée d'extraction d'arbres, souches ou autres produits, d'enlèvement de gazons, herbes, genêts, etc. ; dans ce cas, les préposés n'auront qu'à se reporter aux indications relatives aux délits particuliers auxquels elle a donné lieu.

Si le riverain s'est borné à cultiver une portion du sol forestier complètement dégarnie de bois et s'il n'a enlevé ni herbes ni gazons, ils rédigeront un procès-verbal indiquant la situation et l'étendue du terrain ainsi usurpé, et toutes les circonstances qui établissent qu'il y a eu usurpation.

84. **Rébellion, Injures, Menaces.** — Si les préposés sont injuriés ou menacés dans l'exercice ou à l'occasion de l'exercice de leurs fonctions, s'ils sont l'objet de violences de la part des délinquants, si ceux-ci méconnaissent leur autorité, il devra être dressé un procès-verbal distinct, relatant les injures ou menaces proférées, la nature et la gravité des actes de violence exercés, et toutes les circonstances dans lesquelles se sont passés les faits dénoncés.

Ce procès-verbal, soumis aux formalités ordinaires, sera transmis au chef de cantonnement, qui saisira le ministère public de la plainte.

85. **Tabacs.** — Les préposés forestiers sont tenus de rechercher les plantations frauduleuses de tabacs qui se font dans les forêts, et d'en informer le directeur des contributions indirectes ; ils participent à la répartition du montant de l'amende si les délinquants sont indiqués par eux, et, dans le cas contraire, il est accordé une gratification aux gardes qui ont signalé les semis ou plantations. (Circ. 60, 119, 178.)

Ils doivent aussi leur assistance aux préposés de la régie et des douanes pour la répression de la fraude en matière de tabac et d'allumettes chimiques.

Le droit de partage est assuré aux préposés dans toutes les saisies et confiscations auxquelles ils pourront contribuer, et il sera sévi contre ceux qui, par négligence ou une coopération coupable, s'écarteraient des obligations qui leur sont imposées. (Circ. 227.)

Les procès-verbaux rapportés par les préposés forestiers pour constater des contraventions en matière de douane doivent être rédigés dans les mêmes formes que ceux qu'ils dressent pour leur service ordinaire ; ces actes sont transmis au chef de cantonnement aussitôt après l'affirmation et l'enregistrement.

Il est accordé à tous les individus qui arrêtent et concourent à l'arrestation des colporteurs ou vendeurs de tabac de fraude une prime de 15 fr. par personne arrêtée ; mais cette prime n'est acquittée qu'autant que les contrevenants ont été constitués prisonniers.

Outre cette prime, il est alloué aux préposés étrangers à la régie des contributions indirectes une gratification extraordinaire de 12 fr. par chaque colporteur saisi hors du rayon des douanes et ayant au moins 30 kilogrammes de tabac, et de 3 fr. par chaque chien chargé de tabac qu'ils auront détruit.

Les tabacs saisis doivent être transportés dans l'entrepôt au chef-lieu de l'arrondissement dans lequel la saisie a été effectuée, où ils sont expertisés pour le prix en être réparti entre les verbalisants.

La moitié des amendes payées par les contrevenants est allouée aux employés qui ont opéré la saisie. (Circ. 355, 644.)

Il est alloué une prime de 10 fr. pour l'arrestation des personnes qui vendent en fraude des allumettes chimiques. (Circ. 169.)

86. **Roulage.** — L'art. 14 de la loi du 30 mai 1851 confère aux préposés forestiers le droit de constater les contraventions aux règlements sur la police du roulage.

Un arrêté du 18 août 1852 détermine les règles de cette police. Ce document, trop étendu pour être même analysé dans cet ouvrage, ne présente aucun intérêt pour le service forestier. La police du roulage est d'ailleurs un accessoire trop secondaire du service des préposés des forêts, pour qu'il soit utile d'entrer ici dans un examen détaillé de la législation en cette matière.

CHAPITRE III

SURVEILLANCE DES EXPLOITATIONS

Permis d'exploiter. — Marteau de l'adjudicataire. — Coupe de réserves, — Bris de réserves. — Outre-passe. — Vices d'exploitation. — Travail de nuit. — Écorcement sur pied. — Loges, fourneaux et ateliers. — Feux. — Faux chemins. — Délais d'exploitation et de vidange. — Dépôt illicite. — Délits à l'ouïe de la cognée. — Coupes affouagères. — Emploi des bois de construction et de chauffage. — Bois mort.

87. Les adjudicataires ou entrepreneurs des coupes dans les bois soumis au régime forestier sont assujettis à l'observation de règles sévères pendant tout le temps qui s'écoule depuis la délivrance du permis d'exploiter jusqu'au récolement ; les délits ou contraventions qu'ils commettent sont punis de peines plus graves que ceux des délinquants ordinaires. Ces délits peuvent être constatés par les agents et les gardes pendant toute la durée des exploitations. Ils peuvent encore l'être, mais par les agents seuls, au moment du récolement.

Le droit que la loi a laissé aux agents de constater au récolement les contraventions dont les adjudicataires ont pu se rendre coupables ne dispense pas les préposés de l'obligation de surveiller les exploitations, car beaucoup de délits resteraient impunis s'ils n'étaient constatés au moment où ils viennent de se commettre.

Les gardes doivent donc visiter journellement les coupes en usance; ils s'assureront que les ouvriers n'exploitent pas les arbres désignés pour être réservés, qu'ils se conforment aux prescriptions du cahier des charges en ce qui concerne l'abatage des bois, etc.; ils signaleront au facteur de la coupe ceux d'entre eux qui, par leur négligence ou leur maladresse, pourraient attirer contre l'adjudicataire des poursuites onéreuses.

En ces matières surtout, il vaut mieux prévenir que punir, et souvent quelques avertissements donnés à propos suffisent pour imprimer aux exploitations une direction convenable.

Nous allons examiner en détail les obligations diverses imposées aux adjudicataires ou aux entrepreneurs qui leur sont complètement assimilés, en faisant connaître les renseignements que devront contenir les procès-verbaux dressés pour chaque espèce de contravention.

88. **Permis d'exploiter.** — Les adjudicataires des coupes assises dans les bois soumis au régime forestier ne peuvent commencer l'exploitation avant d'avoir obtenu de l'agent forestier chef de service,

un permis d'exploiter, qui leur sera délivré sur la présentation des pièces établissant qu'ils ont satisfait aux obligations imposées. (C. for., art. 30; Ord., art. 92.) Ce permis est présenté au chef de cantonnement, qui donne l'ordre au garde local de laisser commencer les exploitations.

Les préposés ne devront donc autoriser les adjudicataires ou leurs ouvriers à procéder à l'abatage des arbres qu'autant qu'ils auront reçu cet ordre; si ceux-ci persistent à commencer leur exploitation sans justifier de l'obtention du permis, les gardes devront constater la grosseur, l'essence, le nombre et la valeur des arbres exploités, comme s'il s'agissait d'un délit ordinaire; ils ne dresseront toutefois leur procès-verbal qu'après s'être assurés auprès du chef de cantonnement de la date du permis d'exploiter.

Il pourrait, en effet, arriver que ce permis, quoique non représenté au garde du triage, fût d'une date antérieure au commencement de l'exploitation, et dans ce cas il n'y aurait pas de délit.

Ce délit est au reste assez rare, les adjudicataires n'ayant aucun intérêt à ne pas se conformer aux règlements sur ce point; il pourrait cependant se présenter pour les coupes affouagères, dont les entrepreneurs ignorent souvent les obligations auxquelles ils sont assujettis.

Aucun abatage de bois, même ceux qui seraient

nécessaires pour le lotissement des coupes entre les ouvriers, ne doit être toléré avant la délivrance du permis d'exploiter.

89. **Marteau de l'Adjudicataire.** — Les adjudicataires des coupes sont tenus d'avoir un marteau dont l'empreinte est triangulaire ; ils en marquent les arbres et bois de charpente, qui sortent de la vente (Ord., art, 95, cahier des charges) ; ils ne peuvent avoir plus d'un marteau pour la même vente. (C. for., art. 32.)

Les personnes auxquelles les bois sont livrés peuvent les marquer d'un marteau particulier, afin de les distinguer ; mais l'empreinte de ce marteau doit être apposée à côté de celle du marteau de l'adjudicataire.

Les gardes ne sont pas tenus de s'assurer si les adjudicataires se sont conformés à l'obligation d'avoir un marteau ; c'est aux agents à veiller à ce que les formalités relatives aux dépôts de l'empreinte de cet instrument soient remplies.

L'emploi de marteaux différents pour une même vente constitue la seule contravention qui puisse être constatée par les gardes, contravention fort rare, puisqu'il est de l'intérêt des adjudicataires de n'avoir qu'une seule et même marque pour désigner les bois qui leur appartiennent.

90. **Coupe de Réserves.** — L'adjudicataire est

tenu de respecter tous les arbres marqués ou désignés pour demeurer en réserve, quelle que soit leur qualification, lors même que le nombre en excéderait celui qui est porté au procès-verbal de martelage, et sans qu'on puisse admettre en compensation d'arbres coupés en contravention d'autres arbres non réservés que l'adjudicataire aurait laissés sur pied. (C. for., art. 33.)

Dans les coupes marquées en réserve, l'empreinte du marteau de l'État est appliquée sur les arbres qui sont exceptés de la vente ; dans les coupes en délivrance, au contraire, ce sont les arbres à abattre qui portent cette empreinte ; dans certaines coupes, enfin, les arbres réservés ou abandonnés sont simplement griffés ou même désignés par leur essence ou leur grosseur.

Quel que soit le mode de martelage ou de désignation employé, les adjudicataires ne doivent exploiter que les bois qui leur sont abandonnés.

Les préposés veilleront assidûment à ce que les prescriptions des procès-verbaux de martelage soient strictement exécutées.

91. Dans les coupes dont les arbres réservés sont marqués du marteau de l'État, griffés ou simplement désignés par leur essence ou leur grosseur, ils constateront l'abatage de tout arbre portant l'empreinte du marteau, griffé ou désigné pour la ré-

serve. Le procès-verbal fera connaître le numéro de la coupe où le délit a été commis, l'exercice auquel elle appartient, le nom de l'adjudicataire, l'essence et la grosseur de l'arbre ainsi exploité, en mentionnant qu'il faisait partie de la réserve.

Dans les coupes où les arbres à abattre sont marqués du marteau de l'État, griffés ou désignés, ils constateront au contraire l'abatage de tout arbre qui ne portera pas l'empreinte du marteau ou la griffe, ou qui ne sera pas désigné pour être exploité; le procès-verbal contiendra les mêmes renseignements que ci-dessus. (Voir Exemple n° 18.)

C'est surtout dans les coupes marquées en délivrance que les adjudicataires peuvent faire disparaître les traces d'une exploitation frauduleuse c'est sur celles-là que les préposés devront apporter une surveillance plus active.

Les adjudicataires des coupes de bois de l'État sont tenus d'ébrancher sur pied les arbres marqués pour la marine et de les abattre de manière à laisser la culée entière. Les pièces rebutées et les éboutures ne leur appartiennent pas, mais ils peuvent disposer des branchages. Les préposés s'assureront que l'abatage des arbres réservés pour la marine se fait comme il est prescrit, et ils veilleront à ce que les pièces soient laissées intactes dans toute leur longueur. (Circ. n° 7, nouv. sér.)

92. **Bris de Réserves**. — Le délit d'abatage de réserves ne doit pas être confondu avec le bris de réserves occasionné par l'exploitation. Les réserves brisées ou endommagées par la chute des arbres voisins sont considérées comme chablis; l'adjudicataire est seulement tenu de payer le dommage ; il ne peut enlever ni faire exploiter les arbres ainsi brisés. Les préposés doivent tenir note des accidents de cette nature, marquer de leur marteau les quilles et houppiers des arbres cassés, qui doivent être représentés au chef de cantonnement lorsqu'il procède à l'évaluation de l'indemnité due par l'adjudicataire.

93. **Outre-passe**. — On appelle *outre-passe* l'exploitation de bois situés hors des limites de la coupe. Il ne peut y avoir outre-passe que dans les coupes délimitées, sur le terrain, par des lignes et des bornes, piquets ou corniers. Ce délit, prévu par l'article 29 du Code forestier, entraîne pour l'adjudicataire une amende égale au triple de la valeur des bois abattus en dehors des limites de la coupe, s'ils ne sont pas plus âgés ni de meilleure nature ou qualité que ceux de la vente. Si les bois sont de meilleure nature ou qualité que ceux de la vente, il paiera l'amende comme pour les bois coupés en délit et une somme double à titre de dommages-intérêts.

Le délit d'outre-passe doit, autant que possible, être constaté par deux préposés; s'il y a incertitude sur la limite réelle de la coupe, il en sera référé au chef de cantonnement ; dans le cas contraire, le procès-verbal pourra être dressé immédiatement ; il devra faire connaître l'essence et la grosseur de tous les arbres de plus de 2 décimètres de tour, exploités en dehors des limites, la quantité en charges d'hommes, de bêtes de somme, ou de voiture, des brins de moins de 2 décimètres, la valeur des bois ainsi exploités. (Voir Exemple n° 19.)

94. **Modes d'Exploitation.** — Les cahiers des charges générales ou spéciales, le procès-verbal d'adjudication même règlent le mode d'exploitation ; c'est par un examen attentif de ces documents et de l'affiche en cahier qui leur est remise que les préposés pourront se rendre compte des obligations imposées aux entrepreneurs ou adjudicataires.

Les dispositions du cahier des charges générales doivent être exécutées toutes les fois qu'il n'y est pas dérogé d'une manière expresse par les clauses spéciales ou l'acte d'adjudication.

Celles de ces dispositions qui sont relatives au mode d'abatage et de nettoiement sont les suivantes :

« A moins de clauses contraires, les bois seront exploités à tire et aire, à la cognée, le plus près de terre que faire se pourra, de manière que l'eau ne puisse séjourner sur les souches ; les racines devront être entières.

« Les coupes seront nettoyées, savoir : en ce qui concerne le ravalement des anciens étocs et l'enlèvement des épines, ronces et autres arbustes nuisibles, avant le terme fixé pour l'abatage ; en ce qui concerne le façonnage des ramiers, avant le 1er juin de l'année qui suit l'adjudication.

« Les laies séparatives des coupes seront entretenues et les étocs recépés par les adjudicataires, qui, à mesure de l'exploitation, feront enlever les bois qui tomberont sur ces laies, afin qu'elles soient toujours libres. »

95. Nous pensons qu'en général les préposés doivent s'abstenir de constater de leur propre mouvement les contraventions relatives au mode d'exploitation, lorsque cette constatation peut être faite par les agents au moment du récolement. Les traces d'une exploitation vicieuse subsistent toujours, et c'est aux agents plutôt qu'aux préposés qu'il appartient de reconnaître s'il y a lieu d'intenter des poursuites ; les gardes devront seulement engager les adjudicataires ou leurs facteurs à prescrire aux ouvriers de se conformer aux clauses de leur adjudication, pour ce qui concerne la manière de couper les bois sur pied, et donner avis au chef de cantonnement de l'état de la coupe.

Il n'en est pas de même pour les contraventions qui ne laissent pas de traces matérielles ; si, par exemple, les arbres sont abattus avant d'être ébranchés quand l'ébranchement est prescrit, si l'exploitation s'effectue en jardinant au lieu d'être faite à tire et aire, si l'abatage des taillis est fait en deux fois, si les racines sont arrachées ; s'il est fait usage de la scie pour l'abatage, quand l'emploi de cet instrument n'est pas autorisé, les préposés doivent verbaliser. (Voir Exemple n° 20.)

96. Le nettoiement des coupes, le ravalement des étocs doivent être terminés à l'époque fixée pour les délais d'exploitation, c'est-à-dire au 15 avril, s'il n'est pas autrement stipulé. Les préposés veilleront à ce que les adjudicataires ne se laissent pas mettre en retard pour ces travaux ; si, malgré les avertissements qu'ils reçoivent, ceux-ci négligent de faire recéper les vieilles souches, ou de faire enlever les épines et autres arbustes, quand cet enlèvement est ordonné, s'ils laissent les lignes de coupes encombrées de ramiers, et si le façonnage de ces ramiers n'est pas terminé à l'époque prescrite, le garde du triage devra constater la contravention par un procès-verbal indiquant exactement en quoi elle consiste et l'importance du préjudice qu'elle a pu causer. (Voir Exemple n° 21.)

97. **Travail de Nuit.** — Les adjudicataires ne

pourront effectuer aucune coupe ni enlèvement de bois avant le lever ni après le coucher du soleil. (C. for., art. 35.)

Cette disposition a pour but d'empêcher les ouvriers de s'introduire dans les bois au moment où les délits sont plus faciles à commettre impunément; elle s'applique non seulement aux ouvriers employés directement par l'adjudicataire, mais encore aux voituriers des acheteurs qui chargeraient ou enlèveraient du bois pendant la nuit.

Les procès-verbaux que les préposés peuvent être dans le cas de rédiger à raison de contraventions de cette nature doivent indiquer la coupe d'où proviennent les bois exploités ou enlevés nuitamment, et le nom de l'adjudicataire; car c'est ce dernier qui est mis en cause, et non les ouvriers ou voituriers, qui sont considérés comme agissant d'après ses ordres. L'heure où le délit a été constaté doit être indiquée.

98. **Écorcement sur Pied.** — A moins d'une clause expresse dans le procès-verbal d'adjudication, il est interdit de peler ou écorcer sur pied aucun des bois de la coupe, sous peine d'une amende de 50 à 500 fr. (C. for., art. 36.)

L'écorcement sur pied est seul prohibé par cette disposition; les adjudicataires ont le droit de faire écorcer les arbres abattus; mais si le procès-verbal d'adjudication ne mentionne pas qu'il y a faculté d'écorcement, ils ne jouissent pas de la prorogation de délai d'exploitation accordée pour les coupes où cette faculté est réservée.

Les procès-verbaux rédigés pour les faits d'écorcement sur pied doivent faire connaître la quantité et la valeur des bois et écorces ainsi façonnés en délit, et en constater la saisie.

Cette saisie n'est pas effective, c'est-à-dire qu'il n'y aura pas lieu de faire transporter les bois pelés et les écorces hors de la vente et de les mettre en séquestre; les gardes se borneront à déclarer la saisie à l'adjudicataire, et à apposer l'empreinte de leur marteau sur les bois et écorces dont l'adjudicataire n'a plus le droit de disposer.

99. **Loges et Ateliers.** — Il ne pourra être établi de fourneaux, fosses à charbon, loges ou ateliers dans les ventes que dans les lieux qui seront indiqués par écrit par l'agent forestier, à peine d'une amende de 50 fr. pour chaque fosse, loge ou atelier établi en contravention à cette disposition. (C. for., art. 38.)

La désignation de l'emplacement des loges, fourneaux ou ateliers est faite par le chef de cantonnement ou le brigadier délégué; il est marqué un témoin à proximité de chacun des emplacements indiqués; les préposés s'assureront que les ouvriers n'établissent pas leurs ateliers, loges ou fourneaux avant cette désignation, et qu'ils les placent aux lieux prescrits.

En cas de contravention, ils rédigeront un procès-verbal qui fera connaître le nombre des loges ou ateliers ainsi établis sans autorisation.

100. **Feux.** — Il est interdit aux adjudicataires, entrepreneurs et à leurs facteurs ou ouvriers, d'allumer du feu ailleurs que dans les loges ou ateliers, sous peine d'une amende de 10 à 100 fr., sans préjudice de la réparation du dommage qui pourrait résulter de cette contravention. (C. for., art. 42.)

Cette disposition s'applique au cas où les adjudicataires ou leurs ouvriers allument, sans pour cela établir d'ateliers ou de fourneaux à charbonner, des feux hors des emplacements désignés à cet effet. La constatation de cette contravention ne présente aucune difficulté; il suffira de faire connaître que le point où le feu a été allumé n'a pas été désigné pour l'établissement d'une loge ou d'un fourneau.

101. **Faux Chemins.** — La traite des bois se fera par les chemins désignés au cahier des charges, sous peine, contre ceux qui en pratiqueraient de nouveaux, d'une amende dont le minimum est de 50 fr. et le maximum de 200 fr., outre les dommages-intérêts. (C. for., art. 39.)

Les chemins par lesquels doit s'opérer le transport des produits de la coupe sont indiqués par le procès-verbal d'adjudication; ils sont mentionnés dans l'affiche en cahier, dont les préposés ont un exemplaire entre les mains.

Non seulement les adjudicataires ne doivent pas pratiquer dans les coupes des chemins nouveaux, mais il ne leur est même pas permis de se servir des voies de vidange existantes qui ne leur sont pas désignées; ils ne peuvent non plus s'écarter des chemins indiqués, quand bien même ils seraient tout à fait impraticables. C'est à eux à faire réparer les dégradations qui en rendent le parcours difficile, ou à s'adresser au conservateur pour obtenir qu'il leur en soit désigné d'autres.

Les voies de transport dont la désignation doit être faite dans l'acte d'adjudication sont les routes forestières, lignes, laies ou chemins de vidange établis sur le sol forestier; mais il n'appartient pas à l'administration forestière d'imposer aux adjudicataires des limites à leur droit de libre circulation sur les chemins publics.

Les dispositions de l'article 39 s'appliquent aux faits de passage illicite, commis tant par les adjudicataires ou leurs ouvriers que par les voituriers des acheteurs.

Lorsque les gardes constatent des délits de cette nature, leurs procès-verbaux doivent faire connaître quels sont les adjudicataires des coupes dont les produits sont ainsi enlevés par des chemins défendus, et l'importance du dommage causé, s'il y a lieu.

Si les voitures trouvées hors des chemins ordinaires n'appartiennent pas à l'adjudicataire ou à ses voituriers, si elles ne sont pas employées à la traite des bois, le délit rentre dans le cas que nous avons examiné au chapitre II, §§ 50 et suivants.

102. **Délais d'Exploitation et de Vidange.** — La coupe des bois et la vidange des ventes seront faites dans les délais fixés par le cahier des charges, à moins que les adjudicataires n'aient obtenu du conservateur des forêts une prorogation de délai, à peine d'une amende de 50 à 500 fr., et, en outre, de dommages-intérêts dont le montant ne pourra être inférieur à la valeur des bois restés sur pied ou gisant sur la coupe; il y aura lieu à la saisie de ces bois à titre de garantie pour les dommages-intérêts.

La constatation des contraventions relatives aux retards d'exploitation ou de vidange est plutôt du ressort des agents que de celui des préposés; à moins de prescriptions contraires, ceux-ci ne doivent rédiger les procès-verbaux relatifs à ces contraventions qu'après en avoir référé au chef de cantonnement.

A moins de dispositions différentes dans le cahier

des clauses spéciales ou l'acte d'adjudication, les délais fixés sont, pour l'abatage, le 15 avril qui suit l'année de l'adjudication, et le 15 avril de l'année suivante pour la vidange.

A la première de ces dates, tous les bois de la vente doivent être abattus ; la coupe doit être complètement vidée au 15 avril de l'année suivante.

Dans les coupes vendues avec faculté d'écorcer, ces délais sont prorogés, pour l'abatage, jusqu'au 1er juin, et pour le façonnage des ramiers jusqu'au 15 juillet ; le délai de vidange reste le même.

103. Lorsque les préposés reconnaissent que l'exploitation languit faute d'ouvriers, ils doivent avertir l'adjudicataire de se mettre en mesure, soit en activant ses travaux, soit en sollicitant une prorogation de délai ; c'est surtout aux entrepreneurs des coupes affouagères qu'il importe de réitérer ces avertissements, car ils ignorent souvent les conditions qu'ils ont acceptées.

Au terme fixé par le cahier des charges, la vidange doit être complètement terminée, les copeaux, sciures et autres rémanents doivent être enlevés, les loges et baraques démolies et leurs matériaux transportés hors de la forêt. Il ne suffit pas que les bois soient déposés hors des coupes, sur des places vides, chemins de vidange, etc. ; il faut qu'ils soient transportés hors de la forêt.

104. Les procès-verbaux que les gardes peuvent être dans le cas de rédiger pour les contraventions de cette nature devront indiquer la valeur des bois restés sur pied, s'il s'agit d'un retard d'exploitation ; celle des bois gisant dans la coupe, s'il s'agit d'un retard de vidange. L'estimation des bois gisants ne présente aucune difficulté : il suffira de procéder au dénombrement des produits non encore enlevés et d'appliquer aux quantités trouvées les prix de la localité. L'estimation des bois restés sur pied peut être faite par arbre, si la coupe a été marquée en délivrance; dans ce cas, le procès-verbal fera connaître le nombre et la valeur des arbres désignés pour être exploités qui n'ont pas été abattus.

S'il s'agit d'une coupe marquée en réserve, les gardes ne pourraient arriver à connaître l'estimation des bois non exploités qu'à l'aide de calculs qui ne sont pas de leur compétence; ils se borneront, dans ce cas, à faire connaître le rapport de la surface de la partie non exploitée à la contenance totale de la coupe, en indiquant, par exemple, qu'il reste à abattre le tiers, le quart ou telle autre fraction de la coupe; ils évalueront approximativement sa valeur.

Le procès-verbal devra constater la saisie des bois restés sur pied ou gisant dans les ventes. Cette saisie n'implique pas le transport et la mise en séquestre des bois ainsi enlevés à la libre disposition de l'adjudicataire, elle est purement nominale; mais après que le procès-verbal a été dressé et revêtu des formalités légales, l'adjudicataire n'a plus le droit de faire acte de propriété sur les objets saisis. Les bois restés sur pied ne peuvent être exploités; les produits restés sur le parterre de la vente ne peuvent être enlevés.

105. **Dépôt illicite**. — Les adjudicataires ne pourront déposer dans leurs ventes d'autres bois que ceux qui en proviennent, à peine d'une amende de 100 à 1.000 fr. (C. for., art. 44.)

Les procès-verbaux qui constatent cette contravention fort rare doivent indiquer les circonstances de ce dépôt illicite et faire connaître comment il a été établi que les bois dont l'origine est controversée ne proviennent pas de la coupe où ils sont déposés.

106. **Délits à l'Ouïe de la Cognée**. — Les adjudicataires sont responsables, non seulement des délits commis tant dans les ventes qu'à l'ouïe de la cognée par les ouvriers, bûcherons et voituriers, mais encore de ceux qui sont commis dans le même périmètre par des délinquants étrangers; toutefois, dans ce dernier cas, leur responsabilité cesse si les garde-ventes constatent ces délits par des procès-verbaux réguliers remis à l'agent forestier dans

le délai de cinq jours. (C. for., art. 45 et 46.)

L'espace appelé *ouïe de la cognée* est fixé à 250 mètres à partir des limites de la coupe (C. for., art. 31) ; tous les délits commis dans le rayon ainsi déterminé sont censés l'avoir été par l'adjudicataire ou ses ouvriers, et pour que celui-ci soit déchargé de la responsabilité qu'il encourt, il faut que son garde-vente les ait constatés régulièrement.

107. Il ne suffit pas que le facteur informe le garde ou les agents qu'un délit vient de se commettre ; il est indispensable qu'il dresse lui-même le procès-verbal et qu'il le transmette dans les cinq jours. Ce préposé de l'adjudicataire est spécialement chargé de la surveillance de la coupe et de ses abords ; il est présumé y être toujours présent, et comme la zone sur laquelle s'étend la responsabilité de l'adjudicataire est déterminée par cette considération que l'on peut entendre de la vente les bruits qu'occasionnent les délits qui s'y commettent ; c'est à lui qu'il appartient de les constater d'abord. (Voir chap. XIV.)

Il est évident que si les délits sont commis par les ouvriers de l'adjudicataire, le procès-verbal que dresse le facteur ne décharge pas ce dernier de sa responsabilité.

108. Si les gardes reconnaissent l'existence de délits dont la date remonte à plus de cinq jours

dans la vente ou à l'ouïe de la cognée, et si ces délits n'ont pas été constatés par le facteur, ils rédigeront leur procès-verbal dans la forme ordinaire ; seulement ils n'auront pas à en rechercher les auteurs, il suffira d'indiquer qu'ils ont été commis dans le rayon de l'ouïe de la cognée depuis plus de cinq jours.

S'ils trouvent les délinquants en flagrant délit, ils indiqueront leurs noms et qualités, afin que l'agent supérieur de l'arrondissement puisse les poursuivre directement, s'il le juge convenable.

En ce qui concerne les délits commis dans les ventes ou à l'ouïe de la cognée, la responsabilité des adjudicataires ne cesse qu'après le récolement.

109. **Coupes affouagères.** — Les coupes délivrées en affouage aux usagers dans les bois domaniaux et aux habitants des communes propriétaires de bois sont exploitées par des entrepreneurs responsables qui, assimilés complètement aux adjudicataires des coupes vendues, sont soumis aux mêmes obligations qu'eux.

Quelles que soient les habitudes locales et la durée de la tolérance des agents ou gardes forestiers, aucun habitant d'une commune propriétaire de bois ou usager dans les bois domaniaux ou communaux n'a le droit d'exploiter sans avoir obtenu le permis de l'agent forestier chef de service.

Cette règle est de rigueur, et les préposés doivent considérer comme délinquants ordinaires ceux qui ne s'y conformeraient pas.

Les habitants des communes usagères ou propriétaires de bois exploitent souvent eux-mêmes la coupe régulièrement délivrée à un entrepreneur responsable agréé par l'agent chef de service. Cet entrepreneur fictif, puisqu'il ne fait pas opérer à son compte les travaux de l'exploitation, est, aux yeux de l'administration, assujetti aux mêmes conditions que s'il faisait façonner les bois par des ouvriers à sa solde.

110. La loi ne prohibe pas les arrangements qui peuvent être pris par la commune ou les usagers avec ces entrepreneurs pour diminuer les frais de l'exploitation, mais c'est à la condition que les affouagistes ne feront aucun partage sur pied. La coupe délivrée en bloc doit être exploitée à tire et aire, et non pas individuellement par chaque ayant droit ; ce n'est qu'après l'entier abatage des bois qu'il doit être procédé au partage. Tout partage anticipé est puni de la confiscation des bois afférents aux contrevenants ; les préposés qui toléreraient ces partages seront punis d'une amende de 50 fr., et encourent la responsabilité de la mauvaise exploitation et de tous les délits qui peuvent avoir été commis. (C. for., art. 81.)

111. Il ne faut pas confondre le partage sur pied avec le lotissement que font les ouvriers de la coupe pour répartir le travail entre eux. Ce que la loi prohibe, c'est seulement l'exploitation individuelle par chaque affouagiste des bois qui lui sont dévolus ; mais lorsqu'aucun des habitants ne sait d'avance à qui reviendront les bois qu'il façonne, puisqu'ils ne sont partagés qu'après l'exploitation, il n'y a pas contravention.

Les procès-verbaux que les préposés peuvent être dans le cas de dresser pour les délits de partage sur pied doivent faire connaître les circonstances dans lesquelles ce partage a été fait ; ils constateront la saisie des bois ainsi indûment partagés.

112. Pendant la durée des exploitations des coupes affouagères, les gardes n'ont de relations directes qu'avec les entrepreneurs ; c'est à eux qu'ils doivent adresser toutes les observations utiles pour la bonne direction des travaux ; c'est contre eux que doivent être rédigés tous les procès-verbaux de délit commis par des affouagistes employés à l'exploitation dans les coupes ou à l'ouïe de la cognée.

Toutes les contraventions relatives au mode d'exploitation, au nettoiement, à la vidange, se constatent comme dans les coupes vendues ; c'est à l'entrepreneur à veiller à ce que les ouvriers ou affouagistes qu'il emploie s'acquittent convenablement de leur besogne ; c'est à lui à prendre les mesures nécessaires pour que la vidange soit terminée en temps utile. Si des lots n'étaient pas enlevés à l'expiration des délais, c'est contre lui qu'on dressera procès-verbal et non contre les possesseurs des lots restés dans la vente ; c'est encore l'entrepreneur qui sera mis en poursuite si les affouagistes n'opèrent pas la traite des bois par les chemins désignés au permis d'exploiter.

113. Les préposés forestiers n'ont pas à s'immiscer dans les questions relatives à la répartition des bois entre les affouagistes, au paiement des taxes d'affouage, à l'enlèvement des lots afférents à chacun des ayants droit ; c'est à l'entrepreneur à faire les lots d'affouage, à veiller à ce qu'ils ne soient enlevés qu'après paiement des taxes et par les individus auxquels ils sont dévolus. Les gardes n'ont qu'à s'occuper de faire exécuter les lois et règlements forestiers ; mais dans les coupes affouagères, comme dans les coupes vendues, la délivrance des produits exploités échappe à leur compétence.

114. — **Emploi des Bois de Construction et de Chauffage.** — Il est cependant des circonstances où l'action de l'administration forestière ne cesse pas, même lorsque les produits des coupes ont été transportés au domicile des affouagistes.

Les bois qui sont délivrés aux usagers soit pour leur chauffage, soit pour la réparation de leurs maisons, sont affectés à leur usage personnel ; ils ne peuvent être ni échangés ni vendus, et les bois de construction doivent être employés dans le délai de deux ans. (C. for., art. 83et 84.)

Cette prohibition ne s'applique qu'aux usagers et non aux habitants des communes propriétaires de bois où l'on délivre les coupes en nature. Ces derniers peuvent disposer, comme ils l'entendent, des bois qui leur sont délivrés.

Les procès-verbaux que les préposés peuvent être dans le cas de dresser contre les usagers, à raison de faits de vente des bois délivrés, doivent faire connaître les circonstances de la vente ou de l'échange, et la valeur des bois ainsi vendus ou échangés.

Si les bois de construction n'ont pas été employés dans le délai de deux ans depuis la délivrance, le procès-verbal devra indiquer la date de cette délivrance et constater la saisie des bois, qui, jusqu'après le jugement à intervenir, ne pourront être ni détournés ni employés par l'usager.

115. **Bois mort.** — Ceux qui n'ont d'autre droit que celui de prendre le bois mort, sec et gisant, ne pourront, pour l'exercice de ce droit, se servir de crochets ou ferrements d'aucune espèce, à peine d'une amende de 3 fr. (C. for., art. 80.)

116. Un certain nombre d'individus sont annuel-

lement autorisés, en vertu d'une décision ministérielle du 19 septembre 1853, à ramasser dans les bois soumis au régime forestier le bois mort gisant. Cette autorisation est accordée aux indigents par le chef de service sur la présentation des listes dressées par les maires des communes voisines des forêts.

Les personnes ainsi autorisées sont munies de cartes sur lesquelles sont inscrits leurs noms, prénoms, domicile, et les conditions sous lesquelles la permission est accordée.

Ces cartes doivent être présentées à toute réquisition des gardes.

Si les permissionnaires profitaient de la tolérance qu'on leur accorde pour couper ou briser des bois verts ou secs, les gardes constateront le délit, car la permission n'a pour objet que l'enlèvement du bois mort gisant.

Les porteurs de cartes ne doivent employer aucun lien ou hart provenant des forêts; ils ne peuvent être munis d'aucun instrument propre à couper le bois, à peine d'être poursuivis en vertu des dispositions de l'article 146. (Voir chap. II, § 44.)

CHAPITRE IV

CHASSE

Compétence. — Constatation. — Affirmation. — Saisies. — Visites domiciliaires. — Arrestations. — Permis de chasse. — Temps prohibé. — Modes de chasse. — Chasses réservées. — Droit de suite. — Cahier des charges. — Observations. — Le braconnage. — Dommages causés par le gibier. — Gratifications. — Louveterie. — Battues.

117. **Compétence.** — Les préposés forestiers sont chargés d'assurer l'exécution des lois et règlements sur la police de la chasse dans les bois de leurs triages.

La compétence des préposés de l'administration forestière en matière de chasse est limitée aux délits qui portent préjudice aux intérêts qu'ils ont mission de garantir. En général, ils n'ont qualité que pour constater les délits commis sur le territoire forestier compris dans leur triage; cependant ils peuvent constater, quoique commis hors du sol forestier, certains délits qui tendent à la destruction du gibier provenant des forêts, comme l'affût de nuit aux abords des bois, l'emploi de nappes, collets et autres engins prohibés.

La chasse de plaine n'est pas soumise à la surveillance des préposés de l'administration forestière ; les procès-verbaux qu'ils dressent pour des délits de cette nature ne sont considérés que comme de simples renseignements, suffisants cependant pour servir de fondement à des poursuites.

Les gardes des forêts de l'État et des communes ne se détourneront pas de leur service pour rechercher, hors des bois qu'ils surveillent, les délits qui ne portent pas une atteinte directe à la conservation du gibier des forêts ; si cependant ils se trouvent, dans leurs tournées, en présence de contrevenants, leur devoir, comme officiers de police judiciaire, les oblige à constater les infractions aux lois sur la chasse, quand même elles seraient sans intérêt au point de vue spécial de la surveillance qu'ils exercent sur les forêts.

Les gardes des particuliers dont la compétence s'étend à la fois sur des bois et des terres surveillent la chasse sur toute l'étendue des propriétés pour lesquelles ils sont commissionnés.

118. **Constatation.** — La constatation des contraventions aux lois et règlements sur la chasse est soumise à toutes les règles indiquées au chapitre Ier, sauf les modifications suivantes.

119. **Affirmation.** — L'affirmation des procès-verbaux sera faite dans les vingt-quatre heures du délit. (L. chasse, art. 24.)

Ces procès-verbaux devront donc indiquer l'heure de la constatation du délit, et l'acte d'affirmation devra renfermer la preuve que cette formalité a été remplie dans les délais voulus.

120. **Saisies.** — Les délinquants ne pourront être saisis ni désarmés. (L. chasse, art. 25.) Cette disposition, insérée dans la loi pour éviter des conflits dangereux, s'applique seulement à la saisie faite contre la volonté des chasseurs ; si ceux-ci remettent de plein gré les armes, les préposés agiront comme il a été indiqué au chapitre 1er, § 22. Si la saisie n'a pas été réellement effectuée, les procès-verbaux feront connaître la nature des armes ou engins laissés entre les mains des délinquants ; ils en donneront la description exacte et feront connaître leur valeur. Le simple soupçon ne peut, même dans une forêt, autoriser un garde à fouiller les vêtements d'un individu porteur d'engins de chasse prohibés ; le procès-verbal constatant la saisie d'engins découverts par suite d'une telle perquisition est nul comme entaché d'abus de pouvoir.

121. **Visites domiciliaires.** — Les préposés sont autorisés à faire, avec l'assistance des fonctionnaires désignés au chapitre 1er, § 25, des visites do-

miciliaires chez les aubergistes, restaurateurs, marchands de comestibles, pour la recherche du gibier mis en vente quand la chasse est close ; ils peuvent aussi faire, avec l'assistance des mêmes fonctionnaires, des visites pour la recherche et la saisie des engins de chasse prohibés. Mais il faut qu'ils aient dans ce dernier cas une délégation formelle du juge d'instruction. L'absence de cette formalité essentielle entraîne la nullité de la saisie.

122. **Arrestations.** — Les gardes arrêteront les délinquants déguisés ou masqués ; s'ils refusent de faire connaître leurs noms ou s'ils n'ont pas de domicile connu, ils seront conduits immédiatement devant le maire ou le juge de paix, qui s'assurera de leur individualité. (L. chasse, art. 25.)

123. **Permis de Chasse.** — Nul ne peut chasser s'il ne lui a été délivré un permis de chasse. (L. chasse, art. 1er.)

Ces permis sont accordés par les préfets et sous-préfets; ils sont valables pour une année.

Il a été décidé que le délai d'une année pendant lequel le permis est valable commence à partir du lendemain de la date du permis ; par conséquent, un permis daté du 28 août est valable jusques et y compris le 28 août de l'année suivante.

La quittance délivrée par le percepteur pour constater le paiement du prix du permis ne peut remplacer ce permis.

Le permis de chasse doit être présenté à toute réquisition des gardes. Il est exigé non seulement pour la chasse au fusil, mais encore pour les chasses qui se pratiquent à l'aide de pièges, tendues, gluaux, etc. Toutefois, il n'est pas obligatoire pour les personnes qui se bornent à aider, par leur travail ou leur surveillance, un chasseur muni d'un permis de chasse.

Les préposés s'assureront si les chasseurs qu'ils rencontrent sont munis de permis réguliers. Ils réclameront l'exhibition de ces permis et vérifieront s'ils ne sont pas périmés, s'ils sont réellement délivrés aux individus qui en sont porteurs, ce dont ils pourront s'assurer, quand ils ne connaissent pas personnellement les chasseurs, au moyen de l'examen du signalement inscrit en marge du permis. Si ces actes présentent quelques signes de grattages ou de surcharges, ils les retiendront et les joindront à leur procès-verbal.

Les procès-verbaux dressés pour les délits de chasse sans permis feront connaître, après les indications relatives au lieu, à l'heure et aux personnes, l'espèce d'arme, engins, pièges et chiens employés par les chasseurs. — Les armes doivent être exactement décrites et leur valeur approximative doit même être indiquée. (Voir Exemple n° 23.)

124. **Temps prohibé.** — Nul ne peut chasser si la chasse n'est ouverte. (L. chasse, art. 1er). L'époque de l'ouverture et de la clôture de la chasse est fixée chaque année par des arrêtés préfectoraux. (L. chasse, art. 3.)

Les préfets déterminent par des arrêtés le temps pendant lequel il sera permis de chasser les oiseaux de passage, le gibier d'eau dans les marais, sur les étangs, fleuves et rivières ; ils peuvent aussi, par leurs arrêtés, interdire la chasse en temps de neige. (L. chasse, art. 9.)

Les préposés prendront connaissance de ces règlements et en assureront l'exécution.

Il est particulièrement recommandé aux préposés de veiller à la conservation des oiseaux utiles à l'agriculture en s'opposant à la destruction des nids et couvées.

Ils constateront tout fait de chasse accompli pendant le temps où la chasse est interdite.

Leurs procès-verbaux contiendront tous les renseignements indiqués au paragraphe précédent.

125. **Modes de Chasse.** — La chasse de jour, à tir et à courre, est seule autorisée d'une manière générale. Cependant l'emploi des furets et bourses est autorisé pour la chasse du lapin, et les préfets

peuvent permettre certains modes spéciaux pour la chasse des oiseaux de passage. (L. chasse, art. 9.)

L'examen de ces règlements locaux, dont ils doivent avoir un exemplaire, permettra aux préposés de connaître les procédés de chasse permis et de constater les contraventions. (Voir Exemple n° 24.)

126. **Chasses réservées.** — Nul n'aura la faculté de chasser sur la propriété d'autrui sans le consentement du propriétaire ou de ses ayants droits. (L. chasse, art. 1er.)

Le droit de chasse, dans les bois soumis au régime forestier, appartient à l'État, aux communes ou aux établissements publics.

Ce droit est concédé par adjudication à des fermiers qui peuvent seuls l'exercer.

Si la chasse n'est pas amodiée, elle sera interdite d'une manière absolue.

Les procès-verbaux d'adjudication déterminent le nombre des fermiers, co-fermiers et des personnes qu'ils peuvent s'adjoindre.

Les gardes veilleront à ce que la chasse ne soit exercée que par les fermiers et co-fermiers et les personnes, en nombre déterminé, dont ils sont autorisés à se faire accompagner. Ils verbaliseront contre tout individu chassant dans les forêts qui, n'étant ni fermier ni co-fermier, ne serait pas accompagné de l'un de ces ayants droit. Ils verbaliseront encore contre les chasseurs accompagnant les fermiers et co-fermiers, si leur nombre excède celui qui est fixé par l'acte d'adjudication.

127. **Droit de Suite.** — Le droit en vertu duquel tout chasseur pouvait suivre et chasser même sur le terrain d'autrui le gibier lancé par des chiens courants a été abrogé par la loi du 30 avril 1790. L'ancien droit de suite est aujourd'hui restreint à la faculté, pour le chasseur au chien courant, de suivre ses chiens dans les propriétés non closes, sans pouvoir les faire quêter, ni les appuyer, sans faire enfin acte de chasse. — Si le passage des chiens occasionne un dommage, le chasseur en est responsable.

128. **Cahier des Charges.** — Le cahier des charges de l'adjudication de la chasse dans les bois domaniaux impose aux fermiers l'obligation d'être munis, indépendamment du permis de chasse, d'un permis spécial délivré par l'agent forestier chef de service. Ils seront tenus d'exhiber ce permis à toute réquisition des préposés. (Cahier des charges, art. 17.)

129. **Observations générales.** — Les procès-verbaux dressés pour délits de chasse indiqueront clairement la nature des infractions qu'ils ont pour but de constater.

Ces infractions peuvent être distinctes, quoique

simultanées. Ainsi, un individu chassant en temps prohibé, sans permis, dans un bois où il n'a pas le droit de chasser, commet en même temps trois contraventions différentes. Le rédacteur du procès-verbal devra mentionner avec soin toutes les circonstances qui caractérisent ces diverses infractions.

130. **Le Braconnage.** — Le braconnage doit être l'objet d'une surveillance active ; les préposés parcourant les lisières des bois examineront avec soin les passées où peuvent être placés des collets ; s'ils reconnaissent une tendue, ils ne la détruiront pas immédiatement, mais ils s'établiront en embuscade pour saisir l'auteur en flagrant délit.

131. Les préposés se croient toujours obligés d'interpeller directement les chasseurs pris en flagrant délit, et de leur déclarer procès-verbal.

Cette interpellation directe, qui est ordinairement sans danger lorsqu'elle est faite à des délinquants forestiers, devient parfois la cause de conflits sanglants lorsqu'elle s'adresse à des braconniers.

Presque tous les assassinats qui ont amené des chasseurs au bagne ou à l'échafaud ont été commis au moment où les gardes, arrivés à peu de distance des délinquants, commençaient à prononcer les mots sacramentels : *Je te déclare procès-verbal.*

On ne saurait trop répéter aux préposés de tout grade qu'aucune disposition de la loi ne les oblige à exposer leur vie pour faire cette inutile déclaration.

Un délit peut être très dûment constaté sans que le rédacteur du procès-verbal ait dit un mot, sans qu'il se soit même montré au délinquant.

Ainsi un garde qui, s'étant caché dans un buisson, voit en action de chasse un braconnier qu'il reconnaît, peut parfaitement rester coi et rédiger le soir son procès-verbal.

Le braconnier ne saura qu'il a été vu qu'en recevant son assignation, mais il sera condamné tout aussi bien que si le garde se fût dressé subitement devant lui pour déclarer, au risque de se faire assassiner, qu'il va dresser procès-verbal.

Au lieu de se précipiter imprudemment à la poursuite des chasseurs, les gardes arriveront bien plus sûrement à leurs fins en les observant sans se montrer, en s'embusquant sur leur passage pour voir leurs traits, et en les suivant jusque dans les villages, où il sera facile de s'assurer de leur identité.

Par une circulaire en date du 12 juin 1888, la direction des forêts a bien prescrit aux gardes qui constatent un délit de chasse de déclarer *verbalement* leur procès-verbal au délinquant toutes les fois qu'ils peuvent s'approcher de lui et de mentionner sur leur procès-verbal que cette déclaration a été faite.

Cette prescription, qui a pour but de permettre à

l'administration de requérir le cumul des peines, dans le cas où le braconnier serait poursuivi pour un nouveau délit, est conforme à la jurisprudence. Nous pensons néanmoins qu'il vaut mieux laisser aux braconniers la chance d'éviter une aggravation de peine que d'exposer les gardes à recevoir un coup de fusil pour déclarer au délinquant qu'ils lui dressent procès-verbal.

132. Le braconnage le plus difficile à réprimer est celui qui se pratique la nuit, soit à l'affût, soit avec le filet dit *drap de mort*.

Les affûteurs, postés sur les lisières des bois, attendent le gibier au moment où il va au gagnage dans la plaine ; ils tirent presque à coup sûr, cachent de suite l'animal tué et l'arme dont ils se sont servis, puis ils viennent plus tard chercher leur fusil et leur gibier.

Quand les gardes entendent, quelques instants après le coucher du soleil, un coup de fusil sur la lisière des bois, ils peuvent être sûrs que c'est un affûteur qui vient de tirer. Il est presque toujours inutile de courir dans la direction du coup. Le chasseur sera loin quand le garde arrivera. C'est en allant se poster près des chemins qui conduisent aux cabarets fréquentés par les braconniers que les gardes ont le plus de chance de les voir rentrer la nuit avec le produit de leur chasse.

Les plus dangereux des braconniers sont les panneauteurs, qui vont, au nombre de quatre ou cinq, tendre leurs filets dans les chasses les plus giboyeuses. Ce sont des hommes déterminés, qui font du braconnage une industrie lucrative; ils emploient des filets dont le prix est élevé et ils ne reculent pas devant un crime pour éviter de les voir saisir.

Quand les individus qui se livrent à ce mode de chasse ont jeté leur dévolu sur un canton que leurs affidés leur ont signalé comme giboyeux, ils vont pendant la journée le visiter avec soin, puis, la nuit venue, ils déballent le filet qu'ils ont expédié à l'avance et ils le traînent sur les plaines qu'ils dépeuplent en une seule nuit.

Comme ces panneauteurs sont le plus souvent étrangers au pays, qu'ils arrivent à l'improviste, il est difficile de se mettre en garde contre eux. Un homme isolé qui se risquerait à les poursuivre quand ils sont en chasse affronterait un véritable danger. Quand les gardes s'aperçoivent que des étrangers rôdent dans les chasses réservées, en étudiant la configuration du sol; quand ils savent qu'il y a des relations entre ces visiteurs d'apparence suspecte et les cabaretiers connus pour servir de recéleurs, ils devront prévenir sans bruit les gardes voisins; quand ils se seront assuré leur concours, ils iront, en nombre et bien armés, s'embusquer dans les fossés et attendront le moment opportun pour se montrer. S'ils jugent qu'il y a danger à le faire, ils laisseront les braconniers terminer paisiblement leur chasse, mais ils établiront une surveillance continue pour savoir où ils vont remiser leurs filets et leur gibier, afin de pouvoir opérer à coup sûr la saisie des coupables et des engins dont ils se sont servis.

Le panneautage ne se pratique aisément que dans les plaines nues ; il suffit de quelques buissons pour empêcher l'emploi du drap de mort; la conservation des haies et des broussailles est donc le moyen le plus sûr d'éloigner les panneauteurs.

Dans les pays de grande culture, où les haies vives ont disparu, les propriétaires des chasses font planter çà et là des branchages d'arbustes épineux ; c'est ce qu'on appelle *épiner*. Cette précaution est utile, mais il faut que ces obstacles artificiels soient très multipliés, sans cela les panneauteurs peuvent sans grand'peine les enlever avant de traîner leur filet. Il serait bien plus avantageux de conserver quelques arbres épars et des touffes d'arbrisseaux sur les points où ils peuvent croître sans dommage pour les récoltes.

133. **Dommages causés par le Gibier**. — Quand les gardes s'aperçoivent que le gibier des chasses louées est devenu trop abondant et qu'il cause des dégâts dans les bois, ils doivent en donner avis à

leurs chefs, afin que ceux-ci mettent les locataires en demeure d'arrêter cette multiplication exagérée.

Les riverains des bois réclament souvent des indemnités à raison des dommages que les lapins causent aux récoltes. Ces réclamations sont quelquefois justes, mais souvent aussi elles sont très exagérées. Il y a même des cultivateurs peu scrupuleux qui accusent les lapins d'avoir dévoré des récoltes qui n'ont jamais été semées. Ceux-là labourent tant bien que mal les terres qu'ils ont à proximité des bois, ils y jettent de mauvaise fenasse, puis au printemps ils font passer les moutons sur les terres ainsi ensemencées. Comme le peu d'herbe qui a levé est abrouti, le propriétaire attribue le manque de récolte aux lapins, il demande une expertise, jette par précaution quelques poignées de repaire de lapin dans ses champs et finit souvent par obtenir une indemnité.

Les gardes soucieux des intérêts de ceux qui les emploient déjoueront aisément ces ruses, s'ils examinent de près les procédés de culture des riverains connus pour abuser de leur situation. Dès qu'ils auront conçu quelques doutes sur la légitimité des plaintes, ils préviendront le propriétaire de la chasse et lui feront connaître les moyens employés pour lui extorquer des indemnités exagérées.

134. **Gratifications.** — Les préposés forestiers

qui constatent des infractions à la loi sur la chasse reçoivent des gratifications réglées ainsi qu'il suit par l'ordonnance du 5 mai 1845 :

8 fr. pour les délits : de chasse sans permis, — de chasse sur le terrain d'autrui sans le consentement du propriétaire, — pour les contraventions aux arrêtés préfectoraux qui règlent la chasse des oiseaux de passage, du gibier d'eau, l'emploi des chiens levriers, la chasse en temps de neige, — pour les délits de prise ou destruction des couvées de faisans, perdrix ou cailles, — pour les contraventions aux clauses et conditions de leurs cahiers des charges, commises par les fermiers ou co-fermiers.

15 fr. pour les délits : de chasse en temps prohibé, — de chasse de nuit ou à l'aide d'engins prohibés, — pour les faits de possession ou de transport d'engins prohibés, — pour ceux d'achat, vente ou colportage de gibier en temps prohibé, — pour l'emploi de drogues ou appâts propres à enivrer ou détruire le gibier, — pour l'emploi d'appeaux, appelants ou chanterelles.

25 fr. pour le délit de chasse de nuit dans un terrain clos attenant à une habitation.

Il ne peut être alloué qu'une seule gratification, lors même que plusieurs gardes auraient concouru à la rédaction du procès-verbal constatant le délit.

— La gratification est mandatée par le préfet sur la proposition de l'inspecteur. S'il y a eu transaction avant jugement, l'extrait de la décision qui autorise la transaction suffit pour assurer aux préposés le paiement de la gratification qui leur est due. Cet extrait est fourni par l'agent forestier chef de service.

135. **Louveterie.** — Les lieutenants de louveterie ont le droit de chasser deux fois par mois et à courre le sanglier dans les bois domaniaux de leur circonscription. Ils ne peuvent exercer ce droit que pendant que la chasse est ouverte.

Les fermiers et co-fermiers peuvent détruire, mais au moyen de pièges seulement, les animaux nuisibles dans le temps où la chasse est prohibée.

Les préposés ne s'opposeront pas à l'exercice de ces droits.

136. Ils doivent de leur côté chercher à détruire, soit au moyen de pièges, soit avec des appâts empoisonnés, les loups, renards, putois, fouines et chats sauvages.

Quiconque a tué *ou pris* un loup, une louve ou un louveteau a droit à une prime de 100 fr. par tête de loup ou de louve non pleine; de 150 fr. par tête de louve pleine, de 40 fr. par tête de louveteau. S'il est prouvé que le loup s'est jeté sur des êtres humains, la prime sera de 200 fr. (Loi du 4 avril 1882.) La demande de prime doit être écrite sur papier timbré et présentée dans les vingt-quatre heures, avec le corps entier du loup, au maire de la commune sur le territoire de laquelle il a été tué. C'est seulement après la vérification faite par le maire que le réclamant peut faire dépouiller l'animal pour en garder la peau, les pattes et la tête. (Décr. du 28 novembre 1882.)

137. **Battues.** — Lorsque les battues seront ordonnées par le préfet, les préposés forestiers y seront appelés; ils dirigeront les rabatteurs et veilleront à ce qu'on ne tire que sur les animaux déclarés nuisibles.

Les préposés devront prendre toutes les mesures nécessaires pour la réussite de ces chasses; ils accompagneront les piqueurs ou, à leur défaut, feront le bois au point du jour, pour retrouver l'enceinte où sont remis les animaux signalés; ils placeront les tireurs, en prenant toutes les précautions possibles pour éviter les accidents.

CHAPITRE V

PÊCHE

Compétence. — Constatations. — Saisies. — Visites domiciliaires. — Empoisonnement. — Temps prohibé. — Pêche de nuit. — Pêches permises. — Pêches interdites. — Dimensions des poissons.

138. **Compétence.** — Des gardes-pêche, placés sous les ordres des ingénieurs des ponts et chaussées, sont spécialement chargés de la surveillance des cours d'eau navigables ou flottables dont la pêche est affermée au profit de l'État.

Les ruisseaux et les rivières qui ne sont ni navigables ni flottables, dont la pêche appartient aux riverains, sont soumis à la surveillance des gardes de l'État, des communes, ou des particuliers dont les propriétés sont traversées ou bordées par ces cours d'eau.

139. **Constatation.** — Toutes les règles exposées au chapitre II pour la constatation des délits forestiers s'appliquent aux délits et contraventions en matière de pêche. Il n'y a de différences qu'en ce qui concerne les saisies et les visites domiciliaires.

140. **Saisies.** — Si la saisie porte sur du poisson pêché en délit, les gardes qui ont opéré la saisie doivent présenter sans délai leur procès-verbal régulièrement affirmé, au juge de paix ou au maire, afin que le poisson saisi soit vendu par leurs soins.

141. **Visites domiciliaires.**—Les gardes peuvent saisir les filets et engins prohibés, mais il leur est interdit de s'introduire dans les maisons ou enclos y attenant pour les rechercher.

Les délinquants qui refusent de remettre immédiatement au garde les filets prohibés dont ils sont détenteurs sont passibles d'une amende de 50 francs.

142. **Empoisonnement.** – L'empoisonnement qui se pratique principalement dans les petits cours d'eau est le délit le plus grave et le plus dommageable que puissent commettre les braconniers de pêche ; c'est un de ceux dont la constatation est la plus difficile; aussi les gardes doivent-ils y consacrer toute leur attention.

Les substances toxiques les plus communément employées sont : la chaux, la coque du levant, le suc de tithymale, la noix vomique.

La chaux est plus nuisible que les autres poisons parce que son action s'étend au loin, tandis que celle de la coque et de la tithymale ne s'exerce que dans un rayon restreint.

On reconnaît qu'un ruisseau a été empoisonné

avec de la chaux, à la coloration laiteuse de l'eau et au dépôt blanchâtre qui se forme sur les bords. On le reconnaît plus sûrement encore quand on y voit flotter une quantité de poissons morts que les pêcheurs ont négligé de recueillir, à cause de leur petitesse.

Le poisson pris à l'aide de la chaux ou d'autres poi sons est décoloré ; il a les ouïes ternes, sa chair ramollie est de mauvaise qualité, il se gâte très vite.

Quand les gardes reconnaîtront qu'on empoisonne les cours d'eau de leur triage, ils chercheront, par tous les moyens possibles, à prendre les pêcheurs en flagrant délit. Il est assez rare qu'ils puissent voir jeter dans l'eau les substances délétères, mais ils surveilleront les parties des cours d'eau où ces substances ont été jetées, afin de saisir les délinquants lorsqu'ils viendront ramasser le poisson qui flotte à demi mort à la surface de l'eau. Les gardes recueilleront avec soin les indices qui prouvent la culpabilité des pêcheurs, tels que des traces de chaux ou de débris de coque dans leurs vêtements ; ils en feront mention dans leurs procès-verbaux. Ces actes doivent dans tous les cas faire connaître l'espèce et les dimensions des poissons capturés.

La dimension des poissons s'obtient en mesurant la distance qui sépare l'œil de la naissance de la queue.

143. **Temps prohibé.** — La pêche n'est pas permise en tout temps. Pour assurer la reproduction du poisson le législateur a interdit de le prendre pendant le temps de la fraie. Ce temps n'est pas le même pour toutes les espèces.

Ainsi la pêche du saumon est interdite du 30 septembre au 10 janvier.

Celle de la truite et de l'ombre chevalier, du 20 octobre au 31 janvier.

Celle du lavaret, du 15 novembre au 31 décembre

Celle de tous les autres poissons et de l'écrevisse, du 15 avril inclusivement au 15 juin.

Cette interdiction s'étend à tous les modes de pêche, même à la ligne flottante. (Décret du 27 décembre 1889.)

La pêche de nuit est défendue; toutefois les préfets peuvent exceptionnellement autoriser la pêche de l'anguille, de la lamproie et de l'écrevisse après le coucher et avant le lever du soleil; celle du saumon et de l'alose pendant deux heures au plus après le coucher du soleil et deux heures au plus avant son lever. (Décret du 28 mai 1878.)

144. **Pêches permises.** — Les modes de pêche autorisés sont : 1° la pêche à la ligne; 2° la pêche au filet; 3° la pêche à l'aide des nasses ou verveux. Nous indiquons ci-dessous les conditions que doivent remplir ces divers engins.

La ligne doit être flottante et tenue à la main. Elle peut être garnie de plombs qui maintiennent l'hameçon dans l'eau, mais il n'est pas permis d'employer la ligne *dormante*, qui s'attache aux racines des arbres de la rive et qu'on laisse sur place pendant la nuit.

Les filets dont il est permis de se servir doivent avoir des mailles d'une dimension déterminée, suivant l'espèce de poissons qu'ils sont destinés à prendre. Ces engins doivent avoir : pour les saumons, 40 millimètres au moins; pour les grandes espèces autres que le saumon et pour l'écrevisse, 27 millimètres au moins; pour les petites espèces telles que goujons, loches, vérons, ablettes, 10 millimètres.

Les préfets peuvent, par des arrêtés spéciaux, réduire ces dimensions pour les engins qui sont employés à la pêche de l'anguille, de la lamproie et de l'écrevisse. (Décret du 10 août 1875.)

Les mailles sont mesurées de chaque côté sur les filets ayant séjourné dans l'eau.

Les filets ne peuvent être placés et relevés que depuis le lever jusqu'au coucher du soleil. Ils ne doivent occuper que les deux tiers de la largeur du cours d'eau. Le pêcheur qui ferait usage de filets barrant un cours d'eau dans toute sa largeur serait en délit.

Les filets qui n'ont pas la maille réglementaire, ceux qui barrent complètement les cours d'eau, ceux à petites mailles qui serviraient à la pêche des gros poissons doivent être saisis.

Les nasses ou verveux construits en osier, fils de fer ou laiton doivent avoir, entre les verges, le même intervalle que les mailles des filets, c'est-à-dire 40, 27, 10 millimètres, suivant qu'ils sont destinés à la pêche des grosses ou des petites espèces de poissons.

Il n'est pas permis de se servir de filets traînants, à moins qu'un arrêté spécial du préfet n'autorise leur emploi.

145. **Pêches interdites.** — Il est défendu de se servir d'armes à feu, de collets ou lacets, de dynamite, de poudre, de cuivre et de toutes substances explosibles. (Décret du 28 mai 1878.)

146. **Dimensions des Poissons.** — Les dimensions au-dessus desquelles les poissons et écrevisses ne peuvent être pêchés, même à la ligne flottante, et doivent être rejetés à l'eau sont déterminées ainsi qu'il suit pour les diverses espèces.

Les saumons et anguilles, 40 centimètres de longueur.

Les truites, ombres-chevaliers, ombres communs, carpes, brochets, barbeaux, meuniers, brêmes, muges, aloses, perches, gardons, lamproies, tanches, lottes et lavarets, 14 centimètres.

Les soles, plies et flets, 10 centimètres.

Les écrevisses à pattes rouges, 8 centimètres; celles à pattes blanches, 6 centimètres.

La longueur des poissons se mesure de l'œil à la naissance de la queue, celle des écrevisses de l'œil à l'extrémité de la queue déployée. (Décret du 10 août 1875.)

147. **Gratifications.** — Il est alloué aux préposés qui ont constaté les délits de pêche une gratification de 10 fr. par condamnation prononcée.

CHAPITRE VI

CITATIONS ET SIGNIFICATIONS

Compétence. — But de la notification. — Sa forme. — Remise des copies. — Enregistrement. — Frais de citation.

148. **Compétence.** — Les préposés de l'administration forestière peuvent, dans les actions intentées en son nom, faire toutes citations et significations d'exploits. (C. for., art. 173.)

Ils ne peuvent néanmoins instrumenter que dans l'arrondissement des tribunaux près desquels ils sont accrédités, soit par le serment, soit par l'enregistrement d'un serment antérieur.

Les actes à raison desquels les préposés ont l'occasion de délivrer des exploits sont,

En matière correctionnelle :

Les assignations à comparaître devant les tribunaux correctionnels et la Cour d'appel;

Les significations de jugements par défaut;

Les citations à témoins;

Les avertissements aux délinquants admis à transiger.

En matière administrative :

Les citations à récolement ;

Les significations d'arrêtés préfectoraux ordonnant la délimitation ou le bornage ;

Les significations de procès-verbaux de reconnaissance des cantons défensables ;

Les notifications d'actes relatifs aux défrichements ;

Les significations d'arrêtés préfectoraux mettant les entrepreneurs ou adjudicataires en demeure d'exécuter dans un délai déterminé les travaux à leur charge ;

Et en général les notifications de tous les actes administratifs relatifs à la gestion des bois communaux et à l'exercice des droits d'usage dans les bois de l'État.

149 **But de la Notification.** — La signification a pour but de mettre en demeure la personne à qui elle est faite soit de se présenter devant les tribunaux pour répondre sur les faits qu'elle a commis ou vu commettre (assignations, citations à témoins), soit d'être présente aux opérations auxquelles elle a intérêt à assister (citations à récolement, délimitation, bornage), soit, enfin, de se conformer aux obligations imposées par la loi ou les décisions prises conformément aux lois (oppositions au défrichement, significations de jugements par défaut, arrêtés préfectoraux).

Le législateur a dû prescrire toutes les mesures

nécessaires pour que les parties ne puissent ignorer les assignations qui les concernent ; c'est pourquoi il a exigé que la remise de ces actes soit faite directement aux intéressés, autant que possible, et dans tous les cas à leur domicile. Ce n'est qu'en cas d'impossibilité que la remise à la personne ou au domicile peut être remplacée par des formalités que nous indiquerons en examinant successivement les différentes circonstances qui peuvent se présenter.

150. **Remise des Copies.** — Les agents transmettent aux préposés les originaux et les copies des actes qu'ils doivent signifier ; le rôle de ces derniers se borne à faire aux personnes désignées la remise des copies qui leur sont destinées.

Les gardes citateurs s'assureront d'abord que les copies sont en tout conformes aux originaux et lisiblement écrites ; puis ils procéderont à la remise de ces copies aux parties intéressées.

On doit constater cette remise tant sur l'original que sur la copie, en inscrivant, après les mots *parlant à,* les noms et qualités de la personne à qui cette remise est faite.

Les originaux, comme les copies, doivent être datés et revêtus de la signature du citateur. La date doit être complète, c'est-à-dire indiquer le jour, le mois et l'année.

151. Si le garde citateur rencontre en son domi-

cile la personne citée, il lui remet la copie de l'exploit après avoir rempli, comme nous l'avons dit plus haut, le *parlant à*, mentionné la date de cette remise et signé; les mêmes mentions sont inscrites sur l'original. (Voir Exemple n° 1, *verso*, art. 1er.)

152. Si la personne est absente du domicile, mais s'il s'y trouve, soit un membre, soit un serviteur de la famille, le citateur indiquera, tant sur l'original que sur la copie, les noms de la personne ainsi trouvée au domicile, et tout au moins les relations qui existent entre elle et la partie assignée; si le garde connaît les noms de la personne à qui il laisse la copie et les rapports qu'elle a avec la partie citée, il les indiquera comme à l'article 2 de l'Exemple n° 1, *verso*. Il faut, pour que la citation soit valable, que la copie de l'exploit soit remise au domicile de la personne citée et non ailleurs.

153. S'il connaît seulement les liens de parenté, d'alliance ou de domesticité qui existent entre cette personne et la partie assignée, le citateur se bornera à mentionner la nature de ces rapports, comme à l'article 3 du modèle 1; si, enfin, il n'a pas une connaissance personnelle de ces rapports, il suffira d'indiquer, comme dans les Exemples n° 1, art. 4, et n° 3, art. 1 et 2, la qualité que la personne ainsi trouvée au domicile s'est attribuée, en faisant suivre cette mention des mots : *ainsi déclaré*.

Les citateurs ne sont pas obligés de s'assurer de l'exactitude des réponses faites par les personnes à qui ils laissent la copie : du moment que ces personnes sont trouvées au domicile de la partie assignée et qu'elles affirment qu'elles font partie de la maison, soit comme parents, soit comme domestiques, il y a présomption que leur assertion est exacte. Le citateur n'a qu'à constater la réponse.

154. Si la personne assignée est absente du domicile, et s'il ne s'y trouve aucun de ses parents ou serviteurs, le citateur, après avoir constaté qu'il n'a trouvé personne au domicile de la partie et mentionné cette circonstance sur son exploit, fera la remise de sa copie à l'un des plus proches voisins, en l'invitant à signer l'original. (Voir Exemple n° 2, art. 1, *verso*.) — La signature du voisin est exigée, à peine de nullité. — Si le voisin ne sait pas ou ne veut pas signer, s'il ne veut pas recevoir la copie, le citateur l'indiquera sur son exploit et remettra la copie au maire de la commune, qui devra signer l'original. (Voir Exemple n° 4, art. 3.) Le refus par une personne de la maison de recevoir la copie au domicile de la partie ne dispense pas le garde citateur de s'adresser au voisin avant de recourir au maire.

En cas d'absence du maire, le préposé fera la remise de la copie à l'adjoint, et enfin, en l'absence de ce dernier, aux conseillers municipaux, en suivant l'ordre d'inscription.

155. Enfin, il peut se présenter un dernier cas : c'est celui où le domicile de la partie assignée est mal indiqué. Le préposé citateur devra, dans cette circonstance, renvoyer l'original et les copies qui y sont jointes au chef de cantonnement, en accompagnant les pièces d'un certificat du maire constatant que la personne désignée n'habite pas ou n'habite plus la commune, et indiquant soit son domicile actuel, soit l'impossibilité de le connaître.

156. Les notifications aux maires considérés comme représentants des communes doivent être faites à la personne ou au domicile de ces magistrats. L'original doit être signé par la personne à qui la copie de l'exploit est remise.

En cas d'absence ou de refus, le visa doit être donné par le juge de paix ou le chef du parquet.

157. Les citations en matière correctionnelle peuvent être faites les dimanches et jours fériés ; mais il n'en est pas de même de celles qui ont un caractère purement civil, comme les citations à assister à une délimitation, etc. Les actes de cette nature ne doivent pas être signifiés les jours fériés.

158. La remise des exploits à la personne ou au domicile doit être faite par les citateurs eux-mêmes. Ceux qui confieraient à des tiers la remise des copies,

quand bien même cette remise aurait lieu en leur présence, sont passibles de poursuites devant le tribunal correctionnel ou la Cour d'assises.

Les exploits doivent être écrits à l'encre et d'une manière lisible ; les indications faites au crayon sont considérées comme nulles.

Les préposés devront mettre la plus grande célérité à signifier les actes qui leur sont transmis ; les délais légaux sont quelquefois près d'expirer quand on leur adresse les actes : le moindre retard peut entraîner des nullités.

Ils inscriront sur leur livret les significations faites par eux, comme il est indiqué au chapitre X, § 223 ; ils renverront sans retard les originaux dûment enregistrés au chef de cantonnement.

159. **Enregistrement.** — Lorsque la remise des copies est terminée, l'original de la signification doit être soumis à l'enregistrement dans le délai de quatre jours.

Les préposés citateurs qui laisseraient passer ce délai sont passibles d'une amende de 5 fr. (loi du 16 juin 1824, art. 16); ils encourent de plus la responsabilité des instances que leur négligence a pu faire périmer.

160. **Frais.** — Les rétributions dues aux gardes de l'administration des forêts pour les citations et

significations d'exploits sont taxées comme pour les actes faits par les huissiers.

Cette partie du service est ordinairement confiée aux brigadiers ; mais les gardes simples peuvent aussi faire les significations lorsque, à raison des distances ou de tout autre empêchement, les brigadiers ne peuvent en être chargés.

Il est attribué aux brigadiers et gardes 30 centimes par chaque citation, signification ou avertissement; il n'est pas alloué de frais de voyage aux préposés, à moins que le déplacement n'ait été ordonné par un mandat spécial du ministère public, et dont le motif sera rappelé dans l'état de frais auquel ce mandat devra être annexé. (Déc. minist. du 7 mars 1834.)

Aucun préposé ne peut recevoir plus de 200 fr. pour frais de citations, quel que soit le nombre de celles qu'il a faites. — Ces rétributions sont payées à la fin de chaque année. (Circul. du 25 mars 1887, n° 81.)

CHAPITRE VII

TRAVAUX — DÉLIVRANCES — ADJUDICATIONS.

Travaux en régie. — Par entreprise. — Imposés aux adjudicataires de coupes. — Exécutés par les prestataires. — Par les préposés. — Délivrances de menus produits. — Ventes. — Affiches. — Adjudications. — Remises. — Affiche annotée. — État des frais.

161. Les travaux forestiers peuvent être faits : 1° En régie ou par économie, 2° par les entrepreneurs à prix d'argent, 3° par les adjudicataires ou entrepreneurs des coupes, 4° par les concessionnaires de menus produits et par les condamnés insolvables, 5° par les gardes et les cantonniers.

L'intervention des préposés variant suivant le mode adopté, nous indiquerons successivement la nature de leur coopération dans les travaux de chacune de ces cinq classes.

162. **Travaux en Régie.** — Les travaux en régie, dits aussi par économie, sont ceux que des ouvriers à la journée ou à la tâche font sous la direction des agents et la surveillance immédiate des gardes. On exécute ainsi les petites réparations dont le coût ne

peut être évalué à l'avance, l'entretien des pépinières et les repeuplements qui exigent des soins particuliers, les travaux qui n'ont pas trouvé d'entrepreneur ; quelquefois, le façonnage des bois de chauffage à délivrer aux préposés ; enfin celui des coupes d'éclaircie qui n'ont pu être données à l'entreprise. Les travaux abandonnés par les entrepreneurs peuvent être également exécutés en régie.

Pour les améliorations ainsi exécutées, les préposés remplissent le rôle de conducteurs des ateliers ; ils organisent les chantiers, dirigent les ouvriers, tiennent note des journées ou des tâches faites par chacun d'eux, des quantités de matériaux reçus et employés ; ils rendent compte au chef de cantonnement du nombre des journées faites, au moyen d'un état d'attachement qui leur est remis par le directeur des travaux. (Formule n° 29.) C'est sur leurs indications que s'opère l'abatage et le façonnage des bois, après que les agents ont donné des instructions convenables sur la marche de l'exploitation. Les travaux ainsi opérés doivent être l'objet d'une surveillance assidue ; pour que les ouvriers utilisent tout leur temps, il faut que les gardes soient constamment avec eux et qu'ils montrent beaucoup de fermeté à leur égard.

163. **Travaux par Entreprise.** — Les travaux exécutés par des entrepreneurs, à prix d'argent,

comprennent : la construction des maisons forestières, des scieries, des routes, ponts et ponceaux, les éclaircies, les grands repeuplements, l'ouverture des fossés de périmètre ou d'assainissement, et en général les améliorations de toute nature; ils sont faits sous la direction des entrepreneurs et la surveillance des agents. En ce qui concerne les travaux d'art, les préposés n'ont qu'à assurer l'exécution des prescriptions de leurs chefs et à leur donner avis de toute infraction à leurs recommandations. La surveillance des gardes doit s'exercer notamment sur la confection du mortier et des maçonneries et, en général, sur la qualité des matières qu'il n'est plus possible de vérifier après l'exécution des travaux. Toute irrégularité dans l'accomplissement des obligations de l'entrepreneur, toute négligence ou malfaçon doit être immédiatement signalée au chef de cantonnement.

164. Quand il s'agit de travaux de repeuplement, tels que semis, plantations, binages, etc., le rôle des gardes devient plus actif. Ils s'assurent de la qualité des graines et des plants ; ils vérifient si l'emploi en est fait avec les précautions convenables. S'ils s'aperçoivent de quelque fraude ou de quelque négligence, ils en préviennent de suite l'agent directeur des travaux.

Les exploitations faites par entreprise exigent

aussi une surveillance assidue de la part des préposés. C'est à eux qu'incombe le soin d'indiquer aux ouvriers les brins à abattre et la manière dont ils doivent être débités. Ce dernier point surtout demande une attention de tous les instants. Les entrepreneurs ou leurs ouvriers sont naturellement portés à débiter les bois de la manière qui leur est le plus profitable; ainsi, s'ils ont intérêt de faire du bois de corde plutôt que du bois d'industrie, ils découperont des brins qui, conservés dans leur longueur, auraient eu une valeur bien plus grande que réduits en bûches. Si, au contraire, la façon des perches leur est mieux payée, ils laisseront entiers des brins qui ne sont bons qu'à brûler et rendront par suite difficile la vente des lots formés de bois mal assortis.

Un forestier doit connaître toutes ces ruses et s'appliquer à les déjouer ; c'est en suivant de près les exploitations et en maniant, au besoin, la serpe et la hache, qu'il apprendra ce qu'on peut exiger des ouvriers.

165. **Travaux imposés aux Adjudicataires ou Entrepreneurs des Coupes.** — Dans les bois domaniaux, aucun travail d'amélioration n'est mis en charge sur les coupes; les adjudicataires sont seulement obligés de réparer les dégâts occasionnés par l'exploitation et la vidange. Ainsi ils doivent faire

réparer les fossés dégradés, combler et niveler les ornières des chemins de vidange, rétablir les ponceaux, barrières et glacis endommagés, et enfin, si le cahier des charges les y oblige, repiquer les places à charbon et ateliers. Ces divers travaux, dont le détail et l'évaluation sont portés sur les affiches, doivent être complètement terminés à l'époque de récolement. Les gardes s'assureront si les adjudicataires ont satisfait à toutes ces obligations, et, en cas de retard, les inviteront à le faire. Ils vérifieront la qualité des plants employés, afin que les ouvriers ne se contentent pas, comme cela a eu lieu souvent, de mettre en terre des branchages sans aucune racine, quelques jours avant le récolement. Ils signaleront au chef de cantonnement les travaux non terminés, afin que celui-ci prenne des mesures pour les faire achever.

166. En outre des réparations qu'ils sont tenus de faire, comme les adjudicataires des coupes domaniales, ceux des coupes communales peuvent être chargés de certains travaux indiqués dans l'affiche en cahier ou le permis d'exploiter. Ces charges sont de nature très variable, suivant les lieux et les circonstances ; ce sont des repeuplements à effectuer dans les places vides ou les clairières, des fossés à ouvrir ou à curer, des bornes à placer, des fournitures de pierres pour l'entretien des routes.

Quels que soient ces travaux, ils sont désignés dans les actes de la vente, portés à la connaissance des préposés locaux, et ceux-ci doivent en surveiller l'exécution comme ils surveillent celle des travaux à prix d'argent.

Lorsque les coupes sont délivrées en affouage et exploitées par un entrepreneur responsable, celui-ci est considéré comme un adjudicataire ordinaire ; c'est à lui de faire exécuter, soit par des ouvriers à ses frais, soit par les affouagistes, les travaux ordonnés. C'est donc à lui que les préposés devront adresser les observations qu'ils auront à faire, puisqu'il est seul responsable de la bonne exécution des travaux.

167. **Travaux exécutés par les Prestataires.** — Les travaux faits par les concessionnaires de menus produits consistent le plus ordinairement en préparations de terrains, semis, plantations et ouvertures de fossés ; ils sont faits sous la direction des préposés, comme ceux qu'on exécute par économie ; seulement les ouvriers sont payés avec les produits concédés, au lieu de l'être en argent. Comme l'enlèvement de ces produits précède le plus souvent l'exécution des travaux, les gardes devront veiller à ce que les concessionnaires remplissent toutes les obligations qu'ils ont contractées ; ils annoteront, sur la liste des personnes qui ont joui de la concession

accordée, celles qui ont fourni leurs journées de travail, et signaleront au chef de cantonnement les individus négligents ou indociles, afin qu'ils soient à l'avenir exclus des concessions.

Les travaux faits par les concessionnaires de terrains, à charge de culture et de repeuplement, sont surveillés de la même manière que ceux exécutés par entreprise à prix d'argent.

Les délinquants insolvables peuvent être admis à se libérer, moyennant des journées de prestation, des condamnations qu'ils ont encourues (loi du 18 juillet 1859). Dans le cas où ce mode de libération serait adopté, les préposés notifient l'avertissement, au vu duquel les condamnés doivent exécuter sans retard la tâche qui leur est imposée. L'original de ces avertissements est renvoyé au chef de cantonnement par le garde ou le brigadier, qui indique si le travail prescrit a été fait. (Circ. 814.) Ce mode de paiement des amendes au moyen de journées de prestation est fort peu usité.

168. **Travaux faits par les Préposés.** — Des préposés spéciaux, désignés sous le non de *cantonniers forestiers*, sont chargés des travaux de main-d'œuvre qu'exige l'entretien des forêts. Ces cantonniers sont sous les ordres des agents, qui leur indiquent les travaux à exécuter ; ils inscrivent chaque jour sur leur livret la tâche qu'ils ont faite.

Chaque mois, une copie de ce livret est remise au brigadier, qui la vise et la remet au chef de cantonnement. Les cantonniers doivent rester à leur station toute la journée.

Les gardes et les brigadiers doivent aussi exécuter par eux-mêmes les travaux d'amélioration dont la nécessité se fait sentir. Nous avons indiqué, dans la première partie de cet ouvrage, la manière de faire ces travaux et l'importance qu'il y a à ne pas les négliger. (Voir *Sylviculture*, p. 187.)

169. **Délivrance de menus Produits.** — Dans les bois régis par l'administration des forêts, les délivrances des menus produits sont autorisées par le conservateur. (Ord. 4 déc. 1844.) C'est en vertu des arrêtés de ce chef que les gardes reçoivent de leurs supérieurs immédiats l'ordre de laisser ramasser les herbes, mousses et bruyères; extraire les matériaux ou minerais de toute espèce. Tout enlèvement ou extraction quelconque non autorisé est un délit.

Il y a deux espèces de délivrances : les unes sont faites à des personnes nominativement désignées : les autres sont générales et concernent tous les habitants d'une commune qui souscrivent l'engagement de remplir certaines obligations.

Les délivrances nominatives peuvent être accordées moyennant des prestations ou à charge de redevances en argent.

Les permis d'extraire les menus produits moyennant des journées de prestation ou des redevances en argent sont accordés par l'inspecteur. Ces permis sont transmis par les chefs de cantonnement aux gardes, qui les renvoient en certifiant que le concessionnaire a opéré l'extraction autorisée.

Quand la permission est accordée moyennant des journées de prestation, le garde fait connaître en outre que les journées dues ont été fournies et employées.

Les redevances en argent imposées aux concessionnaires de menus produits à extraire des bois domaniaux doivent être payées avant toute extraction. Le permis n'est accordé qu'au vu de la quittance délivrée par le receveur des domaines.

Les permis indiquent toujours les conditions imposées aux concessionnaires ; les préposés sont chargés de veiller à ce que ces conditions relatives au mode d'extraction et d'enlèvement des produits, aux chemins à suivre, etc., soient remplies.

170. Lorsqu'il y aura lieu de dresser un procès-verbal de dénombrement des produits délivrés, cet acte sera signé par le concessionnaire ou son délégué et par le garde du triage. La forme de ces procès-verbaux doit être aussi simple que possible, et l'on doit, pour éviter les frais de timbre, les rédiger sur du papier de la dimension de feuilles de 0,60 c. Nous

avons donné, sous le n° 26 des formules, un modèle d'acte de ce genre.

Il peut servir pour les délivrances de pierres, sables, bruyères, etc., autorisées à prix d'argent. Lorsque la délivrance ne peut s'opérer en une seule fois, comme pour les harts, par exemple, qui doivent être coupées par les ouvriers de l'adjudicataire au fur et à mesure des besoins, mais toujours en présence des gardes, il est inutile de dresser un procès-verbal de chaque délivrance partielle. C'est seulement à la fin des extractions qu'il est fait une récapitulation des quantités délivrées. L'administration des forêts a fait préparer, pour les délivrances de cette espèce, des formules imprimées qui sont distribuées aux adjudicataires, et qui comprennent la demande, l'autorisation et le dénombrement. (Voir Formule n° 30.) Les gardes à qui ces formules sont envoyées, avec les visas des agents forestiers, n'ont qu'à indiquer dans le tableau qui y est joint les espèces et quantités de harts délivrées.

Le procès-verbal de délivrance doit être soumis à l'enregistrement.

171. Les autorisations d'extraire des herbes, des genêts, mousses, etc., accordées à tous les habitants d'une commune, à charge de prestations en nature, indiquent ordinairement les conditions imposées aux concessionnaires.

Les listes de ceux des habitants qui ont souscrit l'engagement de fournir des journées de travail, des graines, etc., pour obtenir la permission d'extraire certaines productions du sol forestier, sont remises aux préposés locaux, qui doivent veiller à ce que les personnes inscrites profitent seules de cette autorisation, et qui assurent l'exécution des conditions de police sous lesquelles elle est accordée. Lorsque les délais accordés pour la durée de la concession sont expirés, ils renvoient la liste au chef de cantonnement, en indiquant ceux des signataires inscrits qui, par suite de circonstances particulières, n'ont pas joui de la faculté accordée et qui peuvent être dispensés de fournir la prestation imposée.

172. Les particuliers accordent souvent, à titre de tolérance, des permissions de ramasser dans leurs forêts des bois morts, de l'herbe et des feuilles. Tant que les indigents profitent seuls de ces permissions, elles ne présentent pas de grands inconvénients. Mais auprès des grands centres de population elles amènent dans les bois un grand nombre de vagabonds sur lesquels il est bon d'avoir l'œil ouvert; car si le bois mort vient à manquer, ils savent bien en faire.

Les enlèvements d'herbes et de feuilles mortes donnent lieu à une foule d'abus de toute nature. Il faut les interdire autant que possible, et si l'on ne peut refuser de donner quelque satisfaction en ce point aux obligations qu'impose l'humanité, il faut au moins prendre les précautions nécessaires pour que les indigents hors d'état de travailler soient seuls admis à participer à ces aumônes.

Les propriétaires de forêts qui autorisent les enlèvements de feuilles, herbes, bruyères, etc., ne devraient jamais donner que des permissions personnelles; car s'ils commettent la faute de permettre d'une manière générale à tous les habitants d'une commune de ramasser ces produits, ils finissent par considérer cette faveur comme un droit.

De toutes les délivrances, la plus nuisible aux forêts est celle des feuilles mortes, quand elle n'est pas restreinte dans des limites étroites. Les feuilles sont le seul engrais des sols boisés; c'est de leurs débris qu'est formé le terreau qui donne à ce sol toute sa fertilité; ce sont les feuilles qui mettent les racines des jeunes plants à l'abri du froid et du soleil; ce sont elles qui conservent l'humidité. Lorsqu'on les enlève, la terrain s'appauvrit, sa surface durcit, devient accessible à toutes les influences extérieures, et sa fertilité se détruit peu à peu.

Dans les forêts où s'enlèvent régulièrement les feuilles mortes et les mousses, on voit, au bout de quelques années, la croissance des arbres se ralentir et le peuplement se dégarnir. Il est donc important de ne pas laisser s'introduire, dans les pays où il n'existe pas, l'usage de ramasser les feuilles et les mousses des forêts pour les employer comme litière.

Dans les contrées où il est difficile de supprimer cette habitude invétérée, les propriétaires en atténueront les fâcheux effets en ne permettant de ramasser les feuilles que dans les fossés, les chemins creux, les vallons où elles s'accumulent. Il n'est d'ailleurs pas de meilleur moyen de faire cesser ces enlèvements que de faire ramasser par des ouvriers à la journée tout ce qui peut l'être sans dommage pour le sol forestier, et de mettre ensuite en vente les tas de litière ainsi recueillis. Les cultivateurs à qui cette litière est nécessaire la paieront ce qu'elle vaut pour eux, ils ne seront pas fondés à se plaindre, car le propriétaire de la forêt n'est pas tenu de leur donner pour rien l'engrais qu'il enlève à ses bois au profit de leurs cultures. Lorsqu'ils se verront obligés de débourser de l'argent, ces cultivateurs qui prisent si haut la litière quand elle ne leur coûte rien, calculeront bien vite qu'il y a plus de profit à faire des fourrages, et ils renonceront peu à peu à demander à la forêt l'engrais qu'ils peuvent obtenir par l'amélioration de leurs cultures.

173. **Ventes.** — Les ventes des produits des bois soumis au régime forestier sont faites sous la direction des agents de l'administration des forêts; à

l'exception du cas particulier que nous examinerons plus loin, les préposés n'ont à y concourir que pour contribuer à leur donner la publicité nécessaire.

174. Toute adjudication doit être annoncée au moins quinze jours à l'avance par des affiches apposées au chef-lieu du département, dans les lieux de la vente, dans la commune de la situation des bois et dans les communes environnantes. (C. for., art. 17, 53.)

Les affiches à placarder dans les communes sont transmises aux préposés ; ceux-ci les remettent immédiatement aux maires et se font délivrer des certificats d'apposition qu'ils renvoient au chef de cantonnement.

Ces envois se font ordinairement sans lettres. Il suffit qu'un préposé reçoive une affiche pour qu'il sache qu'elle lui est envoyée pour être remise au maire contre un récépissé.

L'apposition des affiches doit être faite sans retard, afin qu'il y ait toujours, entre la publication et la vente, le délai de quinze jours fixé par le Code forestier.

175. Les préposés sont aussi chargés de remettre aux marchands de bois, maîtres de forges et autres acquéreurs habituels des coupes, les affiches en cahiers qui leur sont destinées.

Ils doivent, en remettant ces affiches, donner tous

les renseignements qui leur sont demandés sur la situation des coupes assises dans leurs triages et se mettre, autant que possible, à la disposition des acquéreurs, pour les accompagner dans la visite de ces coupes.

Les transports d'affiches ne donnent droit à aucune rétribution. Les services que les préposés rendent aux personnes qui désirent acheter les coupes doivent être complètement gratuits ; il leur est formellement interdit d'exiger quoi que ce soit pour prix de leur assistance.

Les ventes des bois des particuliers se font par adjudication ou à l'amiable. Ces adjudications sont faites par devant notaires. Les ventes amiables peuvent être constatées par un contrat notarié ou par un acte sous seing privé.

Un modèle d'acte de ce genre est inséré à la fin de ce volume, sous le n° 32 des formules.

Les propriétaires qui veulent s'affranchir de l'obligation d'employer un notaire pour faire la vente de leurs coupes doivent s'assurer avec soin de la solvabilité des acquéreurs. Les gardes se mettront en mesure de fournir sur ce point des renseignements précis. Ce sont eux qui font annoncer la mise en vente dans les villages et qui fournissent aux amateurs toutes les indications qui leur sont nécessaires.

176. **Adjudications.** — Les brigadiers peuvent être autorisés à remplacer les agents, dans les ventes sur les lieux des produits principaux et accessoires des bois communaux et d'établissements publics. (Ord. 13 janvier 1847.)

Un brigadier chargé d'une adjudication doit d'abord s'assurer de la bonne exécution du lotissement et vérifier par lui-même si chaque lot est désigné, sur l'affiche et sur le terrain, de manière à être facilement distingué par les amateurs.

Cette vérification est indispensable pour éviter les réclamations que les acquéreurs ne manquent pas de faire, s'il y a la moindre incertitude sur la désignation de leurs lots.

Les conditions relatives au mode d'exploitation ou d'enlèvement des produits, aux époques des paiements et aux garanties à exiger des adjudicataires, sont insérées sur un projet de procès-verbal d'adjudication que le chef de cantonnement prépare et transmet au préposé qui le remplace. Ce dernier aura soin de faire connaître ces conditions aux amateurs et de veiller à ce qu'elles soient inscrites au procès-verbal; il devra en outre donner tous les renseignements nécessaires pour éclairer les amateurs sur la nature et l'importance des lots mis en vente.

La mise à prix de chaque lot, préalablement arrêtée par le conservateur, est communiquée au représentant de l'administration des forêts, qui en fait connaître le chiffre au président de la vente. Celui-ci ne doit pas trancher l'adjudication au-dessous du chiffre ainsi fixé.

177. Les adjudicataires de produits quelconques des bois des communes et établissements publics n'ont à payer, en sus du prix d'adjudication, que les droits de timbre et d'enregistrement des actes de vente.

Les frais de timbre sont de 1 fr. 80 c. par feuille de la minute du procès-verbal. Ces frais se répartissent entre tous les acquéreurs des articles qui figurent sur cette minute.

Les frais de timbre de l'expédition remise au receveur municipal se répartissent de même entre les acquéreurs des lots portés sur cette expédition. Si la vente comprend des produits de forêts communales faisant partie de recettes différentes, une expédition doit être remise à chacun des comptables pour les articles qui les concernent.

Chaque adjudicataire paie le timbre de l'expédition de l'acte de vente qui lui est remise.

Les droits d'enregistrement sont de 2 fr. pour 100 fr. s'il n'y a pas de caution, et de 2 fr. 50 c. pour 100 fr. s'il y a caution.

Ces droits se perçoivent sur les prix de vente de

20 fr. en 20 fr. inclusivement et sans fraction. (Loi du 27 ventôse an IX.) Ainsi, pour un lot de 1 à 20 francs, le droit se perçoit comme pour 20 fr. ; pour un lot de 20 fr. à 40 fr., il se perçoit comme pour 40 fr., et ainsi de suite. S'il y a un certificateur de caution, il est dû en outre un droit fixe de 3 fr.

A tous ces droits il faut ajouter deux décimes et demi. (Lois des 23 août 1871, 30 décembre 1873.)

Quel que soit le délai accordé pour le paiement du prix de vente, le dixième de ce prix doit toujours être payé comptant.

178. — **Remise en Vente.** — Si les lots mis en adjudication ne sont pas tous vendus, le président de la vente pourra, sur la proposition du représentant de l'administration forestière, renvoyer séance tenante et sans nouvelles affiches l'adjudication à quinzaine. Après cette seconde séance, les lots invendus ne pourront être remis en adjudication qu'après de nouvelles publications.

179. **Affiches annotées.** — Les préposés délégués pour assister aux adjudications signeront le procès-verbal et renverront, immédiatement après la séance, au chef de cantonnement, une affiche annotée indiquant les résultats de la vente.

180. **État de Frais.** — Ils joindront à ce document l'état des frais de l'adjudication dûment arrêté par le président de la vente.

Cet état est dressé sur des formules imprimées indiquant exactement le détail des dépenses, qui sont acquittées par des mandats délivrés au nom des parties prenantes.

Le délégué de l'administration forestière retirera les expéditions destinées au chef de service, au receveur municipal, et les extraits destinés aux adjudicataires. Il les transmettra sans délai au chef de cantonnement.

Le rôle de crieur est souvent rempli par un préposé forestier, dans les ventes faites à la diligence de l'administration des forêts.

La rétribution allouée pour ce service est payée au moyen d'un mandat délivré au nom du préposé, par le conservateur.

CHAPITRE VIII

PERSONNEL

DES PRÉPOSÉS DE L'ADMINISTRATION DES FORÊTS

Commissions. — Serment professionnel. — Dépôt de l'empreinte du marteau. — Transcription au greffe. — Installation. — Préposés logés. — Cession d'objets divers. — Jardins et cultures des gardes. — Pâturage de deux vaches. — Panage. — Chauffage. — Conseils. — Traitements. — Retenues. — Perte de mandats. — Changements de résidence. — Tabac de cantine. — Indemnités. — Brigadiers. — Uniforme. — Congés. — Admission dans les hôpitaux militaires. — Mariages. — Médaille d'honneur.

181. **Commissions.** — Les préposés de l'administration des forêts forment deux catégories distinctes, suivant que les propriétés qu'ils surveillent appartiennent à l'État ou aux communes et établissements publics. On appelle *domaniaux* ceux dont les triages sont composés de bois appartenant à l'État, soit exclusivement, soit par indivis avec les communes ou les particuliers.

Les gardes cantonniers, les gardes du reboisement, les gardes mixtes, c'est-à-dire dont le triage est composé partie de bois de l'État, partie de bois connmunaux ou d'établissements publics, rentrent dans la catégorie des préposés domaniaux.

Tous les préposés de cette catégorie sont nommés par le ministre et commissionnés par lui. (Décret du 23 octobre 1883.)

Les gardes et brigadiers dont le triage est exclusivement composé de bois appartenant aux communes ou établissements publics sont dits *communaux*. Ils sont nommés par les préfets sur la proposition des conservateurs, qui délivrent leurs commissions. (C. for., art. 95 ; déc. du 25 mars 1852 ; déc. min. du 18 mai 1853 ; circ. du 4 juillet 1866, n° 21.)

Les préposés communaux sont assimilés aux gardes domaniaux en ce qui concerne leurs devoirs et leurs attributions; ils sont soumis à l'autorité des mêmes agents. (C. for., art. 99.)

182. Les préposés de toute catégorie reçoivent leurs commissions par l'intermédiaire du chef de cantonnement.

L'agent forestier, en remettant la commission au préposé nouvellement nommé, lui fait connaître le jour et l'heure choisis pour la prestation du serment. (C. for., art. 5.)

183. **Serment.** — Les préposées de l'administration

des forêts sont tenus de prêter, devant le tribunal de première instance de l'arrondissement, le serment prescrit par l'article 5 du Code forestier.

Avant d'être admis à ce serment, le préposé nouvellement promu devra soumettre sa commission au timbre de dimension. On timbre à l'extraordinaire dans les bureaux établis au chef-lieu du département ; dans les chefs-lieux d'arrondissement, la formalité est remplie au moyen d'un timbre mobile apposé par le receveur d'enregistrement. — Le droit à payer est de 1 fr. 20.

La commission ainsi timbrée est remise au greffier du tribunal par le préposé qui demande à prêter serment ; et, sur la réquisition du ministère public, le tribunal, après lecture de la commission, reçoit le serment dont la teneur est indiquée par le président.

Le greffier en fait mention sur la commission remise au garde. (Circ. du min. de la Justice du 5 juin 1888.)

L'enregistrement de cet acte coûte 5 fr. 63 c. — Il n'est dû au greffier que 25 cent. pour le timbre de la mention au répertoire ; soit en tout 5 fr. 88 c.

184. **Dépôt de l'Empreinte du Marteau.** — Les préposés s'assureront si l'empreinte du marteau affecté au triage où ils vont s'installer a été déposée au greffe du tribunal. Si ce dépôt n'a pas été fait, ils l'effectueront. (C. for., art. 7.)

L'acte de dépôt de l'empreinte n'est assujetti à aucun droit de timbre ni d'enregistrement. (Circ. 77 du 20 novembre 1867.)

185. **Transcription au Greffe.** — Si le triage dans lequel il doit exercer ses fonctions est compris dans un seul arrondissement, le préposé n'a plus à remplir d'autres formalités préalables à son installation. Mais si le triage s'étend sur plusieurs arrondissements, ou s'il est voisin d'autres arrondissements sur lesquels le garde peut être obligé de faire quelques actes de son ministère, comme perquisitions, citations, etc., il devra faire transcrire sa commission et l'acte de prestation de serment au greffe du tribunal ou des tribunaux dans le ressort desquels il peut être appelé à exercer.

Tout préposé qui change de résidence sans changer de grade doit de même faire inscrire sa commission au greffe du tribunal ou des tribunaux dans le ressort desquels il remplit ses fonctions. (C. for., art. 5.) Il est fait mention de cet enregistrement sur la commission par le greffier. Cette formalité est complètement gratuite.

Cet enregistrement a pour objet de fournir au tribunal le moyen de s'assurer si les procès-verbaux et exploits dressés par les gardes sont l'œuvre de fonctionnaires régulièrement investis de l'autorité nécessaire.

186. **Installation.** — Comme les gardes sont responsables des délits qu'ils n'ont pas constatés, il importe qu'en arrivant dans un triage ils en vérifient l'état, afin qu'on ne puisse pas plus tard imputer à leur négligence les délits commis antérieurement à leur prise de service. Il importe aussi au garde sortant de faire reconnaître l'état dans lequel il laisse le triage à son successeur.

Cette vérification contradictoire se fait en présence du chef de cantonnement ou du brigadier délégué à cet effet. Il en est dressé un procès-verbal, qui est revêtu de la signature des gardes entrant et sortant.

Les préposés doivent, avant cette vérification contradictoire, parcourir et visiter avec soin les limites des triages, les coupes et les lieux exposés aux délits, afin de signaler au chef qui procède à l'installation les délits non reconnus. — Ils profiteront de cette visite complète du triage pour se faire donner tous les renseignements indispensables sur les véritables limites des bois, la situation des exploitations, les habitudes des riverains, etc., de manière à avoir, sur les hommes et les choses qu'ils auront à surveiller, des notions aussi précises que possible. Lors de leur entrée en fonctions, les préposés doivent se présenter devant le maire de leur résidence. (Circ. 51 du 11 avril 1867.)

187. **Conseils.** — La reconnaissance du triage faite pour l'installation a permis au nouveau garde de prendre un premier aperçu des forêts dont la surveillance lui est confiée. Il devra, au début de son service, compléter ces notions en visitant avec soin les coupes en exploitation, en s'assurant de la situation des bornes, fossés et arbres de lisière qui déterminent les limites des bois; il parcourra les bois de particuliers afin d'en vérifier la consistance, pour être à même de constater ultérieurement les défrichements qui pourraient y être faits; il devra enfin s'attacher à connaître les habitudes des populations riveraines des bois, les délits les plus fréquents et les moyens employés pour les commettre.

Les préposés nouvellement installés dans un triage ne sauraient apporter trop de réserve dans leurs relations avec les habitants. Ceux qui leur font le plus d'avances sont souvent les délinquants les plus adroits. Un garde prudent saura, sans affectation de sévérité, éviter au début les connaissances intimes et ne se mêler en rien aux querelles locales, afin de conserver l'indépendance et l'impartialité qui sont indispensables à tout agent de l'autorité pour s'acquitter convenablement de ses devoirs.

188. **Maisons forestières.** — L'installation des préposés logés en maisons forestières doit être pré-

cédée d'une reconnaissance de l'état des lieux faite par le chef de cantonnement.

Les obligations imposées aux préposés logés ont été déterminées par un arrêté en date du 16 avril 1846, dont la teneur suit :

« A l'avenir, tout employé logé en maison fores-« tière souscrira, au pied du procès-verbal de son « installation, l'engagement, pour lui et ses héri-« tiers, de se conformer aux conditions prescrites « par l'administration en ce qui concerne soit la « prise de possession, soit la remise de la maison et « du terrain en dépendant. L'employé sortant sera « tenu aux réparations locatives dont l'état sera « dressé par le chef de cantonnement.

« La prime d'assurance sera payée par l'employé « sortant et celui entrant, dans la proportion du « temps de l'occupation de la maison par chacun « d'eux [1]. Il en sera de même de l'impôt des portes « et fenêtres. La contribution personnelle et mobi-« lière sera payée en entier par l'employé sortant.

« A partir du jour de la notification de la décision « qui le changerait de résidence ou le révoquerait, « le préposé occupant ne pourra plus faire acte de

1. — L'administration n'exige plus que les préposés fassent assurer contre les risques d'incendie les maisons forestières qu'ils occupent, elle leur laisse le soin de faire assurer leur mobilier.

« propriété sur les récoltes non engrangées au mo-
« ment de son changement.

« Les pailles et fumiers resteront sans indemnité
« à la disposition de l'employé entrant; ils ne pour-
« ront être détournés de leur destination dans au-
« cun cas et sous quelque prétexte que ce soit.

« L'employé entrant recevra la maison et le ter-
« rain en dépendant dans l'état où ils se trouveront
« à la sortie de son prédécesseur, sans que celui-ci
« ou ses héritiers puissent réclamer autre chose que
« les frais de culture et la valeur des semences.

« En cas de difficulté pour la fixation des frais de
« culture et du prix des semences, le conservateur
« statuera au vu du rapport du chef de cantonne-
« ment et des observations de l'inspecteur. »

L'ordonnance intérieure ou extérieure de la maison ne doit pas être modifiée par les préposés, à moins d'une autorisation spéciale. Les loges, hangars, etc., construits par les préposés près des maisons forestières, doivent être couverts en tuiles ou autres matières incombustibles. (Circ. nº 592 *bis*.)

189. **Cession d'Objets divers.** — Le garde sortant doit remettre à son successeur : la plaque et le marteau affectés au triage; le livret ou registre destiné à la transcription des procès-verbaux, ordres de service, etc., et les feuilles de procès-verbaux non employées.

Les plaques des gardes et brigadiers domaniaux appartiennent à l'administration qui les fournit. Le garde entrant n'a rien à rembourser à son prédécesseur pour la remise de cet insigne.

Les plaques des gardes communaux appartiennent soit aux préposés, soit aux communes. Dans le premier cas seulement, le garde doit en payer la valeur à celui qu'il remplace.

Le marteau est affecté au triage dont il porte le numéro, mais l'acquisition en est laissée à la charge des préposés; aussi la valeur doit-elle en être remboursée au garde sortant.

Les difficultés qui pourraient s'élever sur la fixation du prix du marteau ou de la plaque doivent être tranchées par le chef de cantonnement.

Le registre remis par le préposé sortant doit être arrêté et visé par l'agent qui procède à l'installation et les deux gardes intéressés; le nombre des feuilles de procès-verbaux laissées au préposé entrant est inscrit sur le registre et doit représenter exactement la différence entre celui des feuilles adressées au garde sortant par le chef de cantonnement et celui des feuilles dont l'emploi est justifié.

Le préposé sortant doit encore remettre à son successeur les anciens registres, les ordres généraux de service, instructions et circulaires qui lui ont été laissés par son prédécesseur, ainsi que ceux qu'il a reçus pendant sa gestion.

190. **Jardins et Culture des Gardes.** — Les préposés domaniaux logés en maison forestière ont la jouissance du jardin et des terrains qui y sont annexés; la contenance des terrains et jardins est de un hectare. (Déc. min. du 21 janvier 1856.)

La clôture et l'entretien en sont à la charge des préposés, ils doivent les cultiver en bons pères de famille; les produits destinés à l'entretien du ménage ne doivent pas être vendus.

Les préposés domaniaux non logés peuvent obtenir la jouissance d'un terrain dont la contenance n'excède pas un hectare. Cette mesure n'est prise qu'en faveur des préposés qui en font la demande. (Circ. 125 du 18 octobre 1871.)

Les préposés trouveront dans un petit livre intitulé *la Maison du Garde* [1] des conseils très utiles sur la tenue du ménage, la culture du jardin, l'entretien des animaux, etc.

191. **Pâturage de deux Vaches.** — Les préposés domaniaux logés ou non en maison forestière ont le droit d'introduire deux vaches au pâturage; le pâturage ne doit être exercé que sous la surveillance de

1. — *La Maison du Garde;* Hygiène, Economie domestique, Agriculture, par Th. Poucin (*conservateur des Forêts*). Un volume avec 142 gravures ; prix, 3 fr. 50. — **J. Rothschild**, éditeur.

gardiens et dans les cantons désignés par le chef de service, qui en fait mention sur le livret des gardes.

Il est formellement interdit aux gardes de faire commerce de lait ni de beurre, ces produits devant être consommés par eux ou leur famille. (Circ. 341, 448.)

Les préposés domaniaux sont autorisés à récolter le fourrage nécessaire pour nourrir leurs vaches pendant l'hiver. Les lieux où l'herbe devra être récoltée seront désignés à chaque brigadier et garde par le chef de cantonnement; cet agent décidera si l'herbe devra être fauchée, coupée à la faucille, ou arrachée à la main.

Il est interdit aux brigadiers et gardes de vendre ou d'échanger l'herbe ainsi récoltée, de l'employer à aucun autre usage qu'à la nourriture de leurs bestiaux et d'en abandonner quelque partie que ce soit pour prix de la coupe ou de la récolte. (Décis. minis. du 18 juillet 1851.)

192. **Panage.** — Les préposés domaniaux sont autorisés à introduire chacun deux porcs en forêt, dans les cantons défensables. Ces cantons, ainsi que l'époque, la durée et les autres conditions de l'exercice du panage, sont indiqués, pour une ou plusieurs années, dans un procès-verbal dressé par le chef de service; un extrait de ce procès-verbal sera inscrit sur le livret de chaque préposé. Le panage ne peut être exercé, à moins d'une autorisation spéciale dé-

livrée par le chef de service, que sous la surveillance d'un gardien. (Circ. 711.)

Les préposés communaux logés ou non peuvent être admis à jouir d'avantages analogues, si le conseil municipal les y autorise par une délibération régulièrement approuvée ; ils sont alors assujettis aux mêmes conditions que les brigadiers et gardes domaniaux.

193. **Chauffage.** — Les préposés forestiers domaniaux du service actif reçoivent pour leur chauffage une délivrance dont la quotité est fixée à 8 stères et 100 fagots. Cette délivrance est réduite, pour les gardes mixtes, proportionnellement à la portion de traitement qu'ils perçoivent sur le Trésor; elle est aussi réduite pour les préposés domaniaux et mixtes qui reçoivent des bois de chauffage à titre d'affouagistes ou d'usagers. Cette quotité peut être augmentée en raison de certaines exigences climatériques. (Circ. 125 du 18 octobre 1871.)

Les bois délivrés aux préposés sont mis en charge sur les coupes; ils doivent être de qualité marchande et sont reçus sur la coupe par le chef de cantonnement, qui appose l'empreinte de son marteau sur chaque extrémité des bûches. Ils doivent être livrés par l'adjudicataire au domicile des préposés ; il est dressé procès-verbal de cette livraison, cet acte signé par le garde sert de décharge à l'adjudicataire. (Déc. min. du 23 juin 1837.)

S'il n'y a pas de coupe, les bois sont exploités et transportés au domicile des gardes aux frais de l'administration. (Déc. min. du 29 mai 1850.) Les bois ainsi livrés sont destinés à l'usage exclusif des préposés ou de leurs familles, ils ne peuvent être ni cédés ni vendus. En cas de départ pour quelque motif que ce soit, la portion restante doit être remise au successeur.

Les préposés du service du reboisement reçoivent une indemnité équivalente au prix du bois de chauffage qui ne peut leur être délivré en nature. (Déc. du 9 août 1861.)

Les préposés communaux à qui des délivrances de bois de chauffage sont faites d'après l'autorisation des conseils municipaux sont soumis, aux mêmes obligations que les gardes domaniaux.

194. **Traitement.**—Le traitement des gardes forestiers et cantonniers domaniaux et mixtes de 2e classe est de 700 francs. Ceux de 1re classe reçoivent 800 fr.

Les Brigadiers hors classe reçoivent 1200 francs.

Ceux de 1re classe, — 1100

Ceux de 2e classe, — 1000

Ceux de 3e classe, — 900

Les préposés décorés de la médaille forestière reçoivent un supplément de traitement de 50 francs par an. (Arrêté du 26 avril 1889.)

Les traitements des préposés domaniaux sont acquittés chaque mois au moyen de mandats délivrés par le conservateur et payables chez les comptables du Trésor. Le traitement court à partir du jour fixé par l'arrêté de nomination; il est liquidé par jour de service; le jour de l'installation, comme celui de la cessation de service, comptent dans la liquidation. Chaque mois est compté pour trente jours.

195. **Retenues.** — Le traitement des gardes domaniaux ou mixtes est soumis à des retenues de diverses natures, dont le montant est affecté au service des pensions de retraite; ces retenues sont :

1° 5 p. 100 sur les sommes payées à titre de traitement;

2° Douzième du traitement lors de la première nomination ou dans le cas de réintégration, et douzième de toute augmentation ultérieure;

3° Retenues pour cause de congés et d'absences ou par mesure disciplinaire. (Loi du 9 juin 1853.)

La retenue de 5 p. 100 s'opère sur le montant des sommes allouées à raison du service fait. On force les décimales s'il y a des fractions de centimes; ainsi, par exemple : pour un traitement annuel de 700 fr., dont le douzième est de 58 fr. 33 c., on déduira de cette dernière somme 2 fr. 92 c., au lieu de 2 fr. 916, qui est le montant exact du 5 p. 100.

On effectue la retenue du douzième du premier traitement ou des augmentations ultérieures en retranchant du traitement net, c'est-à-dire déduction faite de 5 p. 100, le douzième net de l'augmentation.

Il résulte de cette opération qu'un préposé nouvellement nommé n'a rien à recevoir pour son premier mois de service. On lui transmet néanmoins un mandat qu'il doit acquitter et remettre au percepteur de la commune. Pour le mois qui suit une augmentation de traitement, la somme à recevoir par le préposé est la même que pour le mois précédent.

Les retenues pour cause de congés et mesures disciplinaires s'effectuent de la même manière.

196. Les traitements des préposés communaux sont soumis à des retenues dont le montant est versé à leur profit dans la Caisse des retraites pour la vieillesse ; les retenues sont :

1° Une somme annuelle de 20 fr. pour les traitements de 300 à 499 fr. ;

Une somme annuelle de 30 fr. pour les traitements de 500 à 599 fr. ;

Une somme annuelle de 40 fr. pour les traitements de 600 fr. et au-dessus ;

2° Lors de l'entrée en fonctions des préposés nouvellement nommés :

Une somme de 20 fr. pour les traitements de 300 à 499 fr. ;

Une somme de 30 fr. pour les traitements de 500 à 599 fr. ;

Une somme de 40 fr. pour les traitements de 600 fr. et au-dessus;

3° Lors d'une augmentation de traitement:

Une somme de 10 fr. pour une augmentation de 50 à 100 fr.;

Une somme de 20 fr. pour une augmentation de 100 fr. et au-dessus.

Le coût du livret (25 cent.) est prélevé en augmentation de la première retenue effectuée.

Les préposés auxquels les communes ou établissements publics auraient assuré une pension de retraite et ceux dont le traitement est inférieur à 300 fr. ou qui, au 1er janvier 1860, avaient dépassé l'âge de 45 ans, ne sont point obligés de supporter les retenues ci-dessus déterminées. (Règlement du 26 décembre 1859.)

Il est prélevé en outre, pour l'entretien de l'uniforme des préposés compris dans les compagnies de chasseurs forestiers, une retenue dont nous indiquerons le montant dans le chapitre XI.

197. Les traitements communaux se règlent tous les trimestres.

Les retenues pour entrée en fonctions ou augmentation s'effectuent sur le premier mandat délivré après la reprise de service ou l'augmentation.

La retenue annuelle s'opère par moitié sur les mandats du deuxième et du quatrième trimestre.

Chacun des versements faits à la Caisse des retraites pour le compte d'un préposé célibataire ne pouvant être inférieur à 5 fr. et ceux d'un préposé marié moindre de 10 fr., on répartit la retenue annuelle de manière à opérer les versements par nombres ronds de 5 ou 10 fr. Ces retenues sont alors imputées, suivant les cas, sur un seul ou sur deux mandats.

198. Il est loisible aux préposés d'augmenter les versements dont le règlement précité a seulement fixé le taux minimum. Les préposés pour qui les retenues ne sont pas obligatoires peuvent aussi profiter, s'ils le demandent, du bénéfice des dispositions de ce règlement. Nous indiquerons au § 221 les formalités qui doivent être remplies préalablement à l'ouverture d'un compte à la Caisse des retraites et celles des règles de cette institution qu'il est utile aux préposés de connaître.

Les traitements communaux sont centralisés à la caisse des receveurs généraux et mandatés par les préfets sur les certificats de service délivrés par les agents forestiers. Ces mandats sont payables chez les receveurs particuliers et les percepteurs.

199. **Perte de Mandats.** — Si un mandat vient à être perdu, on peut en réclamer un duplicata en adressant un certificat du comptable chez lequel il était payable, constatant que le paiement n'en a pas

été effectué. A ce certificat doit être jointe une déclaration motivée. (Voir modèle n° 27.)

Il convient, pour la régularité de la comptabilité et pour éviter les pertes de mandats, que les préposés en reçoivent le montant dans le courant du mois.

200. **Changements de Résidence.** — Dans le cas de changement de résidence, il est accordé aux préposés, pour se rendre à leur nouveau poste, un délai de dix jours à partir de la cessation de leur service. L'administration se réserve de fixer un plus long délai quand la distance à parcourir l'exige. (Circ. 51 du 11 avril 1867.)

Pendant le délai accordé pour le changement de résidence, les traitements domaniaux continuent à être liquidés comme si le préposé était resté à son ancien poste ; la partie communale des traitements mixtes et la totalité du traitement des gardes communaux reviennent au préposé chargé du service.

201. **Tabac de Cantine.** — Les préposés forestiers peuvent se procurer du tabac de cantine aux mêmes conditions que les troupes de terre. Il leur est délivré à cet effet, par leurs chefs, des bons au moyen desquels ils peuvent acheter ce tabac, dans les débits désignés, à raison de 15 cent. les cent grammes.

202. **Indemnités.** — Les indemnités de tournées ou de missions allouées aux préposés sont réglées

par journée de déplacement et suivant la distance parcourue.

Il leur est alloué pour frais de route 7 centimes par kilomètre lorsque le voyage s'effectue par chemins de fer ou bateaux et 10 centimes lorsqu'il se fait par les voies de terre, pour frais de séjour 5 fr. par jour à Paris et 3 fr. 35 c. partout ailleurs.

Aucune indemnité n'est allouée : 1° pour les distances parcourues à pied ; 2° pour trajets en chemin de fer, voitures ou bateaux lorsque les distances parcourues n'excèdent pas 15 kilomètres en un jour ou lorsque les préposés ont une carte de circulation gratuite. Les indemnités de route sont réduites au quart pour les préposés qui voyagent par chemin de fer avec feuille de route.

Les préposés déplacés pour faire un intérim ont droit aux indemnités de route et de séjour, mais l'indemnité de séjour ne leur est payée intégralement que pendant un mois ; à partir du deuxième mois, elle est réduite aux deux tiers.

Les préposés appelés hors de leur brigade pour concourir aux opérations relatives aux coupes reçoivent une indemnité de 3 fr. par jour pour tous frais, s'ils sont tenus de découcher.

Les préposés employés comme ouvriers aux travaux d'aménagement entrepris au compte de l'État, soit dans les forêts domaniales, soit dans celles des communes, reçoivent une indemnité de 1 fr. par jour s'ils peuvent rentrer chez eux et de 3 fr. s'ils sont obligés de découcher. Les préposés qui sont chargés de surveiller l'exploitation des bois destinés à l'artillerie reçoivent les indemnités suivantes : par fascine pour saucissons et par cent de harts, 0 fr. 05 ; par fascine pour gabions, 0. 125 ; par grande perche, 0. 12 ; par piquet divers, 0. 004. Ces chiffres seront augmentés de 25 p. 100 pour la direction et la surveillance du transport de ces bois. (Circ. du 13 mai 1891.)

Une indemnité de 1 centime par botte de bourdaine est allouée aux préposés qui sont chargés d'effectuer la délivrance de ces bois. (Circ. du 4 août 1883, nº 315.)

Les préposés du service du reboisement peuvent obtenir des indemnités quand ils sont chargés de la surveillance de travaux qui leur occasionnent des fatigues ou des frais exceptionnels.

Ces indemnités sont allouées exclusivement :

1º Aux préposés qui, sans découcher, effectuent chaque jour un trajet de plus de 5 kilomètres ou une ascension d'au moins 600 mètres de hauteur verticale pour se rendre au chantier qu'ils surveillent, ainsi qu'à ceux qui découchent pour s'installer à pied d'œuvre sous une tente ou une baraque établie aux frais de l'administration.

La somme à allouer varie, suivant les circonstances, de 50 centimes à 1 fr. par jour.

2° Aux préposés qui, étant obligés de découcher, sont contraints de payer leur gîte.

Dans ce dernier cas, l'indemnité peut s'élever à 3 fr. par jour.

Le montant total de l'indemnité allouée pour surveillance extraordinaire de travaux ne doit pas dépasser 150 fr. par an quand le préposé n'a pas de gîte à payer et 300 fr. quand il est tenu de se loger à ses frais.

Les préposés domaniaux qui ne sont pas logés en maison forestière reçoivent une indemnité de logement de 90 fr. par an.

203. **Brigadiers.** — Les brigadiers sont les intermédiaires entre les gardes et les chefs de cantonnement.

Ils exercent leur surveillance sur les garderies de leur brigade et sur la conduite administrative et privée des gardes.

Indépendamment de leurs fonctions de surveillance et de la notification des procès-verbaux ou jugements qui leur est ordinairement confiée, les brigadiers sont chargés de :

Reconnaître et marquer les lieux où devront être établis les fosses ou fourneaux à charbon, les loges et ateliers, sauf au chef de cantonnement à désigner ces emplacements par écrit suivant le vœu de l'article 38 du Code forestier.

Ils opèrent, dans les cantons désignés, la délivrance des plants, des harts et généralement de tous les menus produits autres que ceux dont l'enlèvement, s'opérant sur plusieurs points à la fois, ne peut avoir lieu que sous la surveillance du garde local.

Ils marquent, lorsque le conservateur en aura donné l'autorisation, les porcs et bestiaux admis au parcours dans les cantons défensables. (Cir. 585.)

Ils peuvent remplacer les agents forestiers dans les ventes des produits accessoires des forêts communales et d'établissements publics, quand l'estimation n'excède pas 100 fr., et dans les ventes sur les lieux des produits principaux et accessoires des mêmes bois, quel que soit le montant de l'estimation des produits. (Circ. 519, 593.)

Ils surveillent le travail des gardes cantonniers dont ils visent les livrets, ils doivent signaler les absences non autorisées de ces préposés.

C'est aux brigadiers qu'incombe le soin de faire exécuter par les gardes tous les menus travaux d'entretien, tels que : nettoiement des laies sommières et des lignes d'aménagements obstruées par les branchages, les ronces et les herbes ; dégagement des semis de chêne dans les jeunes taillis, émondage des baliveaux, etc.

Enfin les brigadiers prennent, lorsque les circonstances l'exigent, la direction des tournées de nuit qui sont souvent nécessaires pour réprimer les délits de pâturage ou de chasse.

Ils veillent à la tenue des gardes, s'assurent par des vérifications fréquentes que leurs armes sont bien entretenues et que les munitions qui leur sont confiées sont à l'abri de l'humidité.

Ils doivent informer sans délai le chef de cantonnement de tout fait intéressant le service ou le personnel, qui arrive à leur connaissance.

Les brigadiers sont souvent chargés de la surveillance spéciale d'un triage, ils remplissent alors pour cette circonscription le rôle de gardes et ils ont la même responsabilité que ces derniers.

Les brigadiers à triage doivent être de préférence appelés aux postes de brigadiers sans triage. (Circ. no 552 *bis*.)

Les brigadiers du service des dunes qui sont obligés de se pourvoir d'un cheval peuvent recevoir une indemnité annuelle de 300 fr. (Arr. min. du 20 avril 1883; Instruction générale du 12 décembre 1882.)

Le traitement des brigadiers communaux varie suivant l'importance du service et surtout d'après les dispositions des conseils municipaux.

204. **Petite Tenue.** — Les préposés, dans l'exercice de leurs fonctions, doivent toujours être revê-

tus des insignes de leur emploi. (Ord., art. 34.)

La plaque est l'insigne distinctif des fonctions des préposés forestiers ; ils doivent la porter d'une manière ostensible.

L'habillement de petite tenue des brigadiers et gardes forestiers de toute catégorie est réglé ainsi qu'il suit :

1° Blouse bleue en coutil treillis coton, sur le devant de laquelle est pratiquée une ouverture de 0 m, 40 de longueur, garnie d'une parementure en étoffe pareille de 0 m, 4 de largeur.

Au milieu de cette parementure est ouverte une boutonnière avec un bouton grelot d'uniforme correspondant. Le collet est rabattant, arrondi aux angles et fermé par une agrafe noire.

Au-dessus de l'épaulette est fixée une patte en étoffe semblable à celle de la blouse, doublée et piquée sur les bords ; l'extrémité supérieure de cette patte est pourvue d'une boutonnière à laquelle correspond un bouton grelot d'uniforme. Les parements des manches sont fermés à l'aide d'un bouton noir cousu à plat.

2° Gilet à manches en drap vert foncé fermant droit sur la poitrine au moyen de onze petits boutons grelots d'uniforme ; ce gilet porte un collet rabattant dit *à la chevalière*, arrondi des bouts, passepoilé de jonquille et garni de chaque côté d'un cor de chasse brodé en laine jonquille. Le dos et les manches sont en croisé noir doublé en coton écru.

3° Pantalon en drap gris bleuté, passepoilé de jonquille, pareil à celui de la grande tenue pour l'hiver. En été pantalon en coutil rayé bleu d'Evreux, de même forme et dimension que celui en drap.

4° Képi souple identique à celui de la grande tenue (avec la cocarde en moins). Les brigadiers porteront sur le képi, affecté à la petite tenue, *exclusivement* un galon en argent de cinq millimètres, placé autour du bandeau, au-dessous du passepoil jonquille.

5° Cravate bleue en coton « modèle d'ordonnance ».

Les vêtements et coiffures de grande tenue ne doivent pas être portés en petite tenue, tant qu'ils n'auront pas fait le temps de service réglementaire. Il est expressément interdit d'apporter aucune modification de fantaisie à la grande comme à la petite tenue, notamment en ce qui concerne les insignes de grade et accessoires.

Les préposés de tout grade doivent en outre être munis des objets suivants :

1° Sac de chasse, dit carnier, avec bandoulière en cuir noir ;

2° Plaque ;

3° Marteau ;

4° Livret ;

5° Chaîne métrique.

L'administration fournit aux préposés la plaque et le livret ; les autres objets sont achetés et payés directement par les gardes aux fournisseurs désignés par le conservateur ou le chef de service.

205. Les chefs de cantonnement vérifieront la tenue dans leurs visites en forêt et signaleront à l'inspecteur les objets d'habillement et d'équipement dont les préposés auraient à se pourvoir. L'inspecteur transmettra ces rapports avec son avis au conservateur, qui statuera. Si, dans le mois qui suivra la notification de la décision du conservateur, les préposés ne justifient pas qu'ils ont formé la commande des objets reconnus nécessaires, le conservateur les suspendra de leurs fonctions et en référera à l'administration. (Circ. 590.)

A moins de circonstances exceptionnelles dont l'administration sera juge, les préposés qui ne seront pas pourvus, dans les trois mois de leur installation, des objets d'habillement et d'équipement prescrits, seront considérés comme démissionnaires. (Même circ.)

Il est important que, dans l'exercice de leurs fonctions, les préposés soient toujours revêtus de leur petite tenue et pourvus de leur plaque ; le port de ce costume et des insignes distinctifs de l'emploi ne permet pas de méconnaître la qualité des gardes et prévient ainsi les violences auxquelles ils pourraient être exposés.

Nous indiquons au chapitre XI les dispositions relatives à la grande tenue et à l'armement, qui se rattachent à l'organisation militaire du corps des chasseurs forestiers.

206. **Congés.** — Aucun préposé ne doit quitter son poste sans un congé régulier. (Arrêté ministériel du 25 avril 1854.)

Les congés des préposés domaniaux et mixtes sont accordés par les conservateurs. (Circulaire 90.)

Le conservateur accorde aussi les congés des gardes communaux.

Les employés ne peuvent obtenir chaque année un congé ou une autorisation d'absence de plus de quinze jours sans subir une retenue. Toutefois un congé d'un mois sans retenue peut être accordé à ceux qui n'ont joui d'aucune autorisation d'absence pendant trois années consécutives.

Pour les congés de moins de trois mois, la retenue est de la moitié ou des deux tiers au plus du traitement.

Après trois mois de congés consécutifs ou non, dans la même année, l'intégralité du traitement est retenue, et le temps excédant les trois mois n'est pas compté comme service effectif pour la pension de retraite.

Sont affranchies de toute retenue les absences ayant pour cause l'accomplissement d'un des devoirs imposés par la loi.

En cas d'absence pour cause de maladie dûment constatée, le fonctionnaire ou l'employé peut être autorisé à conserver l'intégralité de son traitement pendant un temps qui ne peut excéder trois mois ; pendant les trois mois suivants, il peut obtenir un congé avec retenue de la moitié au moins et des deux tiers au plus du traitement.

Si la maladie est la suite d'un acte de dévouement dans un intérêt public ou d'une lutte soutenue dans l'exercice de leurs fonctions ; si elle est déterminée par un accident grave résultant notoirement de l'exercice de leurs fonctions, les préposés peuvent conserver l'intégralité de leur traitement jusqu'à leur rétablissement ou leur mise à la retraite. (Décret du 9 nov. 1853, art. 16.)

L'employé qui s'est absenté ou qui a dépassé la durée de son congé sans autorisation peut être privé de son traitement pendant un temps double de celui de son absence irrégulière. (Même décret, art. 17.)

Toute demande de congé doit énoncer le motif de l'absence et le lieu où le réclamant a l'intention de se rendre (Arr. minist. du 25 avril 1854) : elle doit être transmise par la voie hiérarchique.

Toute demande de congé sans retenue, pour cause de maladie, doit être appuyée d'un certificat de médecin ; dans le cas où la maladie est de nature à entraîner un déplacement, la nécessité doit en être constatée par un certificat d'un médecin désigné par le préfet et assermenté. (Même arrêté, art. 16.)

Les congés cessent d'être valables s'il n'en a pas été fait usage dans les quinze jours de leur notification. (Id., art. 2.)

Quand des circonstances graves nécessitent un départ immédiat, les préposés peuvent quitter leur poste sans avoir obtenu un congé, mais non sans avoir prévenu leur supérieur hiérarchique. (Circulaire n° 91.)

207. **Admission dans les Hôpitaux militaires.** — Les préposés du service domanial ou mixte qui se feront transporter dans un hôpital, ou qui se rendront aux eaux pour cause de maladie dûment constatée ou par suite de blessures reçues dans l'exercice de leurs fonctions pourront être admis dans les hôpitaux militaires, ils y seront traités comme les sous-officiers de l'armée. Les frais de séjour dans ces établissements sont payés par l'administration.

Les demandes d'admission dans les établissements d'eaux thermales d'Amélie-les-Bains, de Baréges, de Bourbonne, de Bourbon-l'Archambault, du

Guagno, de Plombières et de Vichy, sont adressées au ministre de la guerre et transmises pnr la voie hiérarchique. Elles doivent parvenir à l'administration des forêts avant le 10 mars pour les deux premières saisons de tous les établissements, excepté Bourbonne, et avant le 10 mai pour les dernières saisons, pour les demandes d'admissions à l'établissement de Bourbonne ces dates sont reculées de 15 jours. (Circ. du 9 sept. 1889, n° 414.) Un certificat du médecin doit y être joint. (Circ. n° 17, 152.)

208. **Mariages.** — Aucun préposé, domanial ou mixte, ne pourra se marier sans en avoir référé par la voie hiérarchique au conservateur sous les ordres duquel il est placé.

Si le conservateur estime que le mariage projeté ne peut nuire au service, ni porter atteinte à la considération du préposé, il informera ce dernier, par la même voie, qu'il ne s'oppose pas au mariage. Si le conservateur estime qu'il y a lieu de s'opposer au mariage il transmettra la demande avec ses observations et son avis motivé au directeur qui statuera.

Il ne peut être statué sur les demandes en autorisation de mariage formulées par des préposés non libérés du service militaire qu'en vue d'une permission émanant de l'autorité militaire. (Circ. n° 50.)

Le préposé qui se mariera malgré l'opposition du

directeur sera réputé démissionnaire. Pourra également être considéré comme démissionnaire le préposé qui se mariera sans en référer à l'administration ou sans attendre sa décision. (Circ. n° 800.)

209. **Médaille d'Honneur.** — Un décret en date du 15 mai 1883 a institué une médaille d'honneur destinée à récompenser les préposés forestiers. Le texte de ce décret est inséré dans les annexes sous le n° 34.

CHAPITRE IX

RETRAITES

Droit à pension. — Veuves. — Orphelins. — Liquidation des pensions. — Majorations. — Maximum. — Minimum. — Tarif des pensions. — Mode de calcul. — Demandes de pensions. — Caisse de retraites de la vieillesse.

210. **Droit à Pension.** — Les préposés forestiers domaniaux et mixtes ont droit à une pension de retraite lorsqu'ils ont cinquante-cinq ans d'âge et vingt-cinq ans de service.

Le préposé qui est reconnu par le ministre hors d'état de continuer ses fonctions peut obtenir une pension quoiqu'il n'ait pas cinquante-cinq ans, pourvu qu'il ait vingt-cinq ans de service. (L. du 9 juin 1853, art. 5.) Peuvent aussi obtenir une pension quels que soient leur âge et la durée de leur activité :

1° Les préposés qui auront été mis hors d'état de continuer leur service, soit par suite d'un acte de dévouement dans un intérêt public ou en exposant leurs jours pour sauver la vie d'un de leurs concitoyens; soit par suite de luttes ou combats soutenus dans l'exercice de leurs fonctions ;

2° Ceux qu'un accident grave résultant notoirement de l'exercice de leurs fonctions met dans l'impossibilité de les continuer.

Peuvent également obtenir pension s'ils comptent quarante-cinq ans d'âge et quinze ans de service dans la partie active, ceux que des infirmités graves, résultant de l'exercice de leurs fonctions, mettent dans l'impossibilité de les continuer ou dont l'emploi aura été supprimé. (Id., art. 11.)

211. **Veuves.** — La veuve du préposé qui a obtenu une pension de retraite ou qui a accompli la durée de service exigé par l'art. 5 de la loi du 9 juin 1853 a droit à pension pourvu que son mariage ait été contracté six ans avant la cessation des fonctions du mari.

Le droit à la pension n'existe pas pour la veuve dans le cas de séparation prononcée sur la demande du mari. (Id., art. 13.)

Ont aussi droit à pension :

1° La veuve du préposé qui, dans l'exercice ou à l'occasion de ses fonctions, a perdu la vie dans un naufrage ou dans un des cas spécifiés au § 2 de l'art. 11 précité, soit immédiatement, soit par suite de l'événement ;

2° La veuve dont le mari aurait perdu la vie par un des accidents prévus au 2e § de l'art. 11 ou par suite de cet accident.

Dans les cas spécifiés ci-dessus, il suffit que le mariage soit antérieur à l'événement qui a amené la mort ou la mise à la retraite du mari. (Id., art. 14.)

212. **Orphelins.** — L'orphelin ou les orphelins mineurs d'un préposé ayant obtenu pension ou ayant accompli la durée de service exigée, ou ayant perdu la vie dans un des cas prévus par l'art. 11 de la loi du 9 juin 1853, ont droit à un secours annuel lorsque la mère est décédée ou déchue de ses droits.

Ce secours est, quel que soit le nombre des enfants, égal à la pension que la mère aurait obtenue ou pu obtenir; il est partagé entre eux par égales portions et payé jusqu'à ce que le plus jeune des enfants ait atteint l'âge de 21 ans accomplis ; les parts de ceux qui décéderaient ou celles des majeurs faisant retour aux mineurs.

S'il existe une veuve et un ou plusieurs enfants mineurs provenant d'un mariage antérieur du préposé, il est prélevé sur la pension de la veuve, sauf reversibilité en sa faveur, un quart au profit de l'orphelin du premier lit, s'il n'en existe qu'un en âge de minorité et la moitié s'il en existe plusieurs. (Id., art. 16.)

213. **Liquidation des Pensions.** — La liquidation

de la pension pour ancienneté ou infirmités est établie d'après le dernier traitement du préposé s'il en a joui depuis deux ans, ou s'il a touché pendant une partie de ses deux dernières années d'activité un traitement plus élevé que son traitement final. Si aucune de ces conditions n'est remplie, la pension est liquidée sur le pied du traitement immédiatement inférieur.

Pour opérer la liquidation de la pension il est fait un total des années de services effectifs, tant civils que militaires, si ces derniers n'ont pas été rémunérés par une pension; on ajoute à ce total les campagnes comptées comme celles des militaires de l'armée de terre ou de mer.

Pour chacune des 25 premières années il est alloué un vingt-cinquième du minimum de la pension militaire afférente au grade, et pour chacune des années suivantes un vingtième de la différence entre le maximum et la minimum de cette pension.

214. **Majorations.** —Aux chiffres ainsi obtenus on ajoute pour chaque année de service postérieure à la quinzième une annuité de 18 fr. pour les brigadiers et les gardes de 1re classe et de 15 fr. pour les autres préposés.

Cette majoration ne s'applique qu'aux années de services effectifs dans la partie active de l'administration des forêts, en sus des quinze ans de services militaires ou forestiers.

215. **Maximum.** — La pension ne pourra dans aucun cas dépasser les trois quarts du traitement afférent au grade occupé depuis deux ans au moins.

Les pensions des veuves et des orphelins seront égales au tiers de ce maximum ; elles seront de la moitié dans les cas mentionnés au paragraphe 1er de l'art. 11 de la loi du 9 juin 1853 et des deux cinquièmes dans les cas prévus dans le 2e paragraphe. (Loi du 4 mai 1892.)

216. **Minimum.** — La pension des préposés qui se trouvent dans les cas prévus par le paragraphe 1er de l'art. 11 de la loi du 3 juin 1853 ne pourra être inférieure au minimum afférent au grade, pour vingt-cinq ans de service.

Elle ne pourra être inférieure aux trois quarts de ce minimum dans les cas mentionnés au 2e paragraphe du même article.

217. **Tarifs militaires.** — Les tarifs rendus applicables au calcul des pensions des préposés forestiers domaniaux et mixtes par la loi du 4 mai 1892 sont les suivants.

Brigadiers hors classe.....	min.	900 fr.,	max.	1.200
Brig. de 1re et 2e cl......	—	800	—	1.000
Brig. de 3e cl. et g. de 1re cl.	—	700	—	900
Gardes de 2e clas. et canton.	—	600	—	750

Avec ces chiffres et les renseignements contenus dans les pages précédentes tout préposé pourra calculer assez exactement le chiffre de la pension à laquelle il peut prétendre. Ce calcul peut, dans la plupart des cas, être très simplifié par suite de la disposition qui réduit dans tous les cas la pension aux trois quarts du traitement des deux dernières années de grade.

218. **Mode de Calcul.** — Pour donner une idée de la manière dont les calculs doivent être faits, supposons qu'un brigadier de 3e classe dont le traitement est de 900 fr. depuis deux ans au moins ait 27 ans de services effectifs dont 5 de services militaires et 22 de services forestiers dont 4 avec son grade et 3 campagnes.

On comptera pour la liquidation 30 ans. D'après le tarif militaire, le minimum de la pension afférente au grade de brigadier de 3e classe est de 700 fr.; on prendra le vingt-cinquième de ce nombre, soit 28 fr.; on le multipliera par 25; au chiffre obtenu 700, on ajoutera pour chacune des cinq années suivantes un vingtième de 200 fr., différence entre 700 et 900 fr. chiffres du tarif. Cela fait pour 5 années 50 fr.; on ajoute à ces deux chiffres, la majoration de 18 fr. par an due pour chaque année de service effectif postérieure à la quinzième. Cette majoration, pour douze années, est de 216 fr., soit en totalité 966 fr.

Ces calculs sont résumés dans le tableau suivant

Pour 25 ans de services, à raison d'un 25e de 700 pour 25 ans..................	700
Pour 5 ans à raison de 1/20 de 200....	50
Majoration pour 12 ans à raison de 18 fr.	216
Total........	966

Mais comme la loi du 4 mai 1892 limite la pension aux trois quarts du traitement des deux dernières années, et que les trois quarts du traitement de 900 fr. sont de 675 francs, c'est à ce dernier chiffre que doit être réduite la pension.

Il faut tenir compte du supplément de 50 fr. alloué aux préposés décorés de la médaille militaire. Ce chiffre vient en augmentation du traitement.

Les préposés forestiers ne peuvent prétendre à une pension d'ancienneté liquidée d'après les dispositions de la loi du 4 mai 1892 que s'ils comptent 25 ans au moins de services entièrement rendus dans l'armée ou l'administration des forêts, dont 10 ans au moins dans la partie active de cette administration. (Décret du 17 août 1892, art. 8.)

Si des services civils sédentaires ou actifs accomplis dans d'autres administrations s'ajoutent à la période d'au moins vingt-cinq ans de services militaires ou actifs des forêts, ils seront liquidés également d'après les tarifs militaires, mais ils n'entreront pas dans le calcul de la majoration. (Id., art. 9.)

Les fractions de mois et de francs sont négligées dans le décompte des pensions (Id., art. 10.)

Le lecteur a pu remarquer que nous avons bien tenu compte, dans le calcul précédent, de la durée des campagnes, mais que nous n'avons pas fait connaître comment ces campagnes sont comptées. C'est qu'en effet il serait très difficile d'expliquer, sans entrer dans des détails infinis, comment le département de la guerre évalue les campagnes.

Il en est qui comptent double, telles autres simple, d'autres pas du tout; des décisions ministérielles règlent, après chaque campagne, la valeur qui lui sera attribuée.

Cette lacune n'a du reste pas grande importance, car il arrivera très rarement que la durée des campagnes entre utilement dans le calcul à raison de la limitation obligatoire de la pension aux 3/4 du dernier traitement.

219. Toute demande de pension doit être adressée au ministère du département auquel appartient le fonctionnaire. Cette demande doit, à peine de déchéance, être présentée avec les pièces à l'appui dans le délai de cinq ans à partir, savoir : pour le titulaire, du jour où il aura été admis à faire valoir ses droits à la retraite ou du jour de la cessation de ses fonctions, s'il a été autorisé à les continuer

après cette admission, et pour la veuve, du jour du décès du fonctionnaire.

Les demandes de secours annuels pour les orphelins doivent être présentées dans le même délai, à partir de la promulgation de la présente loi ou du jour du décès de leur père ou de leur mère. (Id., art. 22.)

La jouissance de la pension commence du jour de la cessation du traitement ou le lendemain du décès du fonctionnaire ; celle du secours annuel, du lendemain du décès du fonctionnaire ou du décès de la veuve; il ne peut, dans aucun cas, y avoir rappel de plus de trois années d'arrérages antérieurs à la date de l'insertion au *Bulletin des lois* du décret de concession. (Id., art. 25.)

Les pensions sont incessibles, aucune saisie ou retenue ne peut être opérée du vivant du fonctionnaire que jusqu'à concurrence d'un cinquième pour débet envers l'Etat ou pour des créances privilégiées, aux termes de l'article 2101 du Code Napoléon, et d'un tiers dans les circonstances prévues par les articles 203, 205, 206, 207 et 214 du même Code. (Id., art. 26.)

Tout fonctionnaire ou employé démissionnaire, destitué, révoqué d'emploi, perd ses droits à la pension ; s'il est remis en activité, son premier service lui est compté.

Celui qui est constitué en déficit pour détourne

ment de deniers ou de matières ou convaincu de malversation, perd ses droits à la pension, lors même qu'elle aurait été liquidée ou inscrite.

La même disposition est applicable au fonctionnaire convaincu de s'être démis de son emploi à prix d'argent et à celui qui aura été condamné à une peine infamante ou afflictive; si, dans ce dernier cas, il y a réhabilitation, les droits à la pension seront rétablis. (Id., art. 27.)

220. Le fonctionnaire admis à la retraite doit produire, indépendamment de son acte de naissance et d'une déclaration de domicile :

1° Pour la justification des services civils : un extrait dûment certifié des registres et sommiers de l'administration ou du ministère auquel il a appartenu, énonçant ses nom et prénoms, sa qualité, la date et le lieu de sa naissance, la date de son entrée dans l'emploi avec traitement, la série de ses grades et services, l'époque de la cessation d'activité et le montant du traitement dont il a joui pendant chacune des six dernières années de son activité.

Lorsqu'il n'aura pas existé de registres ou que tous les services administratifs ne se trouveront pas inscrits sur les registres existants, il y sera suppléé, soit par un certificat du chef ou des chefs compétents des administrations où l'employé aura servi, relatant les indications ci-dessus énoncées, soit par extrait des comptes et états d'émargement certifié par le greffier de la Cour des comptes.

Les services civils rendus hors d'Europe sont constatés par un certificat distinct délivré par le ministre compétent. Ce certificat, conforme au modèle annexé au décret, énonce, pour chaque mutation d'emploi, le traitement normal du grade et le supplément accordé à titre de traitement colonial.

A défaut de ces justifications, et lorsque, pour cause de destruction des archives dont on aurait pu les extraire, ou du décès des fonctionnaires supérieurs, l'impossibilité de les produire aura été prouvée, les services pourront être constatés par acte de notoriété.

2° Pour la justification des services militaires de terre et de mer.

Un certificat directement émané du ministère de la guerre ou de celui de la marine.

Les actes de notoriété, les congés de réforme et les actes de licenciement ne sont pas admis pour la justification des services militaires. Lorsque des actes de cette nature sont produits, ils sont renvoyés au ministère de la guerre ou à celui de la marine, qui les remplace, s'il y a lieu, par un certificat authentique.

Les veuves prétendant à pension fournissent, indépendamment des pièces que leur mari aurait été tenu de produire :

1° Leur acte de naissance ;

2° L'acte de décès de l'employé ou du pensionnaire :

3° L'acte de célébration du mariage ;

4° Un certificat de non-séparation de corps, et, un certificat de non-divorce établi sur papier timbré soit par le maire, sur la déclaration de deux témoins signataires, soit par le greffier du tribunal de 1re instance ;

5° Dans le cas où il y aurait eu séparation de corps, la veuve doit justifier que cette séparation a été prononcée sur sa demande.

Cette justification se fait au moyen d'une expédition sur timbre du jugement de séparation ou d'un certificat également sur timbre délivré par le greffier du tribunal.

Les orphelins prétendant à pension fournissent, indépendamment des pièces que leur père aurait été tenu de produire :

1° Leur acte de naissance ;

2° L'acte de décès de leur père ;

3° L'acte de célébration de mariage de leurs père et mère ;

4° Une expédition ou un extrait de l'acte de tutelle ;

5° En cas de prédécès de la mère, son acte de décès ;

En cas de séparation de corps, expédition du jugement qui a prononcé la séparation ou un certificat du greffier du tribunal qui a rendu le jugement ;

En cas de second mariage, acte de célébration.

Les veuves ou orphelins prétendant à pension produisent le brevet délivré à leur mari ou père, lorsqu'il est décédé en jouissance de pension, ou une déclaration constatant la perte de ce titre.

Les enfants orphelins des fonctionnaires décédés pensionnaires ne peuvent obtenir de secours à titre de reversion qu'autant que le mariage dont ils sont issus a précédé la mise à la retraite de leur père.

Dans les cas spécifiés aux §§ 1er et 2 de l'article 11, 1er et 2 de l'article 14 de la loi du 9 juin 1853, l'événement donnant ouverture au droit à pension doit être constaté par un procès-verbal en due forme, dressé sur les lieux et au moment où il est survenu. A défaut de procès-verbal, cette constatation peut s'établir par un acte de notoriété rédigé sur la déclaration des témoins de l'événement ou des personnes qui ont été à même d'en connaître et d'en apprécier les conséquences. Cet acte doit être corroboré par les attestations conformes de l'autorité municipale et des supérieurs immédiats des fonctionnaires.

Dans le cas d'infirmités prévu par le § 3 de l'article 11 de la loi du 9 juin, ces infirmités et leurs causes sont constatées par les médecins qui ont donné leurs soins au fonctionnaire et par un médecin désigné par l'administration et assermenté. Ces certificats doivent être corroborés par l'attestation de l'autorité municipale et celle des supérieurs immédiats du fonctionnaire.

Tout titulaire d'une pension inscrite au Trésor doit produire pour le paiement un certificat de vie, délivré par un notaire, conformément à l'ordonnance du 6 juin 1839, lequel certificat contient, en exécution des articles 14 et 15 de la loi du 15 mai 1848, la déclaration relative au cumul.

La rétribution due au notaire pour la délivrance des certificats de vie, est :

Pour chaque trimestre à percevoir :

De 600 francs et au-dessus.	50	cent.
De 600 à 301 fr.	35	»
De 300 à 101 fr.	35	»
De 100 à 50 fr.	20	»
Au-dessous de 50 fr.	—	»

Il est dû en outre 60 centimes pour le timbre du certificat.

Il est important que les préposés conservent avec soin leurs commissions, pour être en mesure de les représenter lorsqu'ils feront valoir leurs droits à la retraite.

Si, sur les commissions qui leur sont délivrées,

les noms et prénoms ne sont pas inscrits conformément à l'acte de naissance, ils les renverront à leur supérieur immédiat, en demandant qu'il y soit fait les rectifications convenables. De simples transpositions dans les prénoms nécessitent parfois des démarches et des frais, si elles ne sont pas corrigées immédiatement.

Il est aussi très important pour les préposés de faire constater, dans les formes indiquées par l'article 35 du décret du 9 novembre 1853, les accidents graves qu'ils éprouvent dans l'exercice ou à l'occasion de l'exercice de leurs fonctions. Cette constatation doit, autant que possible, être faite par un procès-verbal dressé par les agents forestiers sur les lieux et au moment où l'événement est survenu ; faute d'avoir fait ainsi constater des événement qui plus tard peuvent donner des droits à une retraite exceptionnelle, il faut recourir à un acte de notoriété, qu'il est coûteux et difficile de se procurer.

221. Caisse des Retraites pour la Vieillesse. —L'institution de la Caisse des retraites pour la vieillesse a pour but d'assurer, au moyen de modiques prélèvements sur les salaires, une pension suffisante pour protéger les vieux jours des travailleurs contre la misère.

Cette Caisse est mise sous la garantie de l'Etat.

Elle reçoit les versements faits au profit de toute personne âgée de 3 ans.

Chaque versement donnant lieu à une liquidation distincte, ils peuvent être interrompus ou continués au gré du déposant.

Les versements effectués par des déposants mariés et non séparés de biens profitent par moitié à chacun des deux conjoints.

Les versements antérieurs au mariage restent propres à celui qui les a faits.

La caisse de retraite ne reçoit pas de somme inférieure à 5 fr. ; les versements ne doivent pas comprendre des fractions de franc. Les versements faits au profit de deux conjoints doivent être de 10 fr. au moins et multiples de 2 fr.

Les versements à la Caisse des retraites de la vieillesse sont reçus à Paris, par la Caisse des dépôts et consignations, et dans les départements par les receveurs généraux et particuliers des finances. Les versements peuvent être faits, soit avec aliénation, soit avec réserve du capital.

Pour le premier cas, la totalité des sommes versées reste acquise à la Caisse, dont la seule obligation consiste à fournir au déposant une rente viagère lorsqu'il aura atteint l'âge fixé par sa déclaration.

Dans le deuxième cas, la Caisse assure une rente viagère au déposant qui atteint l'âge fixé et remboursé à ses héritiers, lors de son décès, la totalité des sommes versées.

L'époque d'entrée en jouissance est fixée, au choix du déposant, depuis 50 ans jusqu'à 65 ans accomplis.

Les conditions fixées à l'égard d'un versement régissent non seulement ce versement, mais ceux qui le suivent, à moins d'une déclaration spéciale indiquant que le déposant veut modifier les conditions précédemment choisies.

Tous les versements faits antérieurement restent soumis aux conditions fixées. Toutefois, moyennant une déclaration spéciale, le déposant qui a réservé le capital peut en faire l'abandon en tout ou en partie, à l'effet d'obtenir une augmentation de rente. (Loi du 12 juin 1861.)

Tout premier versement doit être accompagné d'une déclaration souscrite par le déposant. Cette déclaration énonce dans tous les cas :

1° Les nom, prénoms, date et lieu de naissance, qualité civile, profession et domicile du titulaire de la rente qu'il s'agit d'acquérir ;

2° Si le capital versé est abandonné ou s'il en est fait réserve au profit des héritiers du titulaire de la rente ;

3° A quelle année d'âge accomplie, depuis la cinquantaine, le titulaire doit entrer en jouissance de la rente viagère.

Lorsque le versement doit profiter à deux époux, la déclaration doit comporter les mêmes énonciations à l'égard de chaque conjoint. Si la déclaration ne contient qu'une seule stipulation au sujet de l'abandon ou de la réserve du capital et de l'âge d'entrée en jouissance, elle est réputée commune aux deux conjoints.

Une nouvelle déclaration devient nécessaire lorsque le déposant veut soumettre d'autres versements à d'autres conditions que celles des versements antérieurs. Il en est de même lorsqu'un changement survient dans l'état civil du titulaire.

Aux déclarations doivent être annexées, suivant les circonstances, les pièces justificatives ci-après :

Acte de naissance du déposant ou des deux époux si le versement profite à deux conjoints.

En cas de séparation de biens par contrat ou par jugement, *extrait du contrat* ou *du jugement.*

Acte de décès, si l'un des conjoints est mort.

Toutes ces pièces doivent être légalisées. Au surplus, les comptables entre les mains de qui sont faits les versements indiquent aux déposants la nature et la forme des pièces qu'ils doivent fournir.

Le premier versement effectué au profit d'un individu donne lieu à l'émission d'un livret revêtu du timbre de la Caisse des dépôts et consignations. Le prix de ce livret est de 25 cent., qui sont payés par le déposant.

Parmi les dispositions réglementaires qui précèdent et s'appliquent aux déposants de toute qualité, l'administration forestière a choisi celles qui lui ont paru présenter le plus d'avantages, et, par un règlement approuvé le 26 décembre 1859, le ministre des finances a imposé aux préposés communaux l'obligation de se constituer une retraite aux conditions suivantes :

Les versements dont le montant a été indiqué au § 196 sont faits avec aliénation du capital, quel que soit l'état civil du préposé.

L'entrée en jouissance est fixée à 60 ans.

Les versements faits par les gardes mariés profitent pour moitié à leurs femmes. Ainsi, lorsqu'un préposé marié verse 20 fr. par an, il y a 10 fr. d'imputés à son compte et 10 fr. au compte de sa femme. La pension du mari sera liquidée lorsqu'il aura 60 ans, et celle de la femme lorsque celle-ci atteindra sa 60e année.

Dans les cas de blessures graves ou d'infirmités prématurées régulièrement constatées, entraînant incapacité absolue de travail, la pension pourra être liquidée même avant 50 ans et en proportion des versements faits. Les pensions ainsi liquidées pourront être bonifiées à l'aide d'un crédit ouvert chaque année au ministre de l'intérieur.

Si le préposé est maintenu en fonctions après 60 ans, le préfet pourra, sur l'avis du conservateur, reculer d'année en année, jusqu'à 65 ans, l'époque de la liquidation de la pension.

L'entrée en jouissance pourra être intégralement reculée jusqu'à 65 ans pour les gardes actuellement en fonctions ayant dépassé l'âge de 45 ans, et qui auront demandé à profiter des dispositions de ce règlement.

Les versements sont opérés pour le compte des préposés au moyen de retenues faites sur leurs mandats, comme il a été expliqué au § 196 ; ils sont effectués par l'intermédiaire d'un agent forestier qui demeure chargé de remplir toutes les formalités exigées. Les préposés n'ont qu'à fournir, lors du premier versement, les pièces qui leur sont réclamées.

Toutes sommes versées en dehors des retenues obligatoires accroîtra la rente dans une proportion d'autant plus élevée que ce versement sera fait à une époque plus éloignée de l'âge de la retraite.

Lorsqu'un préposé quittera l'administration et passera dans le service domanial ou mixte, il ne perdra pas le bénéfice des versements qu'il aura pu faire à la Caisse de la vieillesse ; il restera titulaire de son livret et des rentes qui s'y trouveront inscrites en raison des versements effectués.

Les détails dans lesquels nous avons dû entrer au sujet de la Caisse des retraites pour la vieillesse sont justifiés par l'importance de cette institution, non seulement pour les préposés de l'administration des forêts, mais encore pour les gardes des particuliers. Ces derniers, plus isolés encore que les gardes communaux, ignorent, pour la plupart, l'existence d'une institution qui présente pour eux un très grand intérêt.

CHAPITRE X

RÈGLES DE SERVICE DES PRÉPOSÉS DE L'ADMINISTRATION DES FORÊTS

Livret d'ordre. — Feuilles de procès-verbaux. — Marteaux — Plaques. — Correspondance. — Franchise. — Résidence. — Incompatibilités. — Prohibitions. — Privilège de juridiction. — Responsabilité. — Peines disciplinaires. — Marques de respect.

222. **Livret d'Ordre.** — Le livret dont chaque préposé est muni est destiné à inscrire, jour par jour et sans lacune, les procès-verbaux de délit, la reconnaissance des chablis et volis, les délivrances dûment autorisées de harts, plants, feuilles, terres, pierres, sables et en général de toutes les productions du sol forestier, les citations et significations, en désignant leur objet et le nom de la personne à qui la copie de l'exploit a été remise, et les opérations auxquelles les gardes concourent.

Si, dans le cours de leur tournée journalière, les gardes n'ont rien remarqué qui intéresse le service, ils le disent sur leur livret.

Le livret doit être soigneusement tenu ; sous aucun prétexte, les gardes ne peuvent en déchirer ou en enlever les feuilles, qui sont numérotées et paraphées.

223. Les procès-verbaux de délits doivent y être transcrits dans leur entier, le jour même de la rédaction ; l'affirmation et l'enregistrement doivent être mentionnés à leur date.

La reconnaissance des chablis et volis doit être inscrite à sa date et de la manière suivante :

Reconnu, au canton de..., forêt de..., deux chênes chablis de 0,60 à 0,80 cent. de tour, que nous avons marqués de notre marteau.

L'inscription des délivrances de menus produits doit toujours mentionner la décision qui les a autorisées ; cette inscription peut être faite dans la forme suivante :

Délivré au sieur N..., dans la forêt de..., au canton de..., la quantité de..., suivant décision du... inscrite à notre livret, folio..., n°...

Les citations et significations s'inscrivent à leur date, ainsi qu'il suit :

Signifié au sieur..., demeurant à..., un procès-verbal de délit n°..., parlant à...

La mention des tournées et opérations se fera d'une manière sommaire, mais complète. Ainsi, il ne suffit pas d'inscrire au livret : *tournée, rien de nouveau ;* il faut indiquer les cantons parcourus, les coupes visitées.

224. Les ordres généraux de service doivent aussi être transcrits sur le livret, ainsi que les arrêtés et décisions qui autorisent les délivrances de menus produits. Pour faciliter les recherches, il sera utile de former, au commencement du livret, une table dans laquelle les ordres généraux de service seront mentionnés d'une façon sommaire, avec renvoi aux pages du livret sur lesquelles ils sont transcrits.

225. **Feuilles de Procès-Verbaux.**—Les feuilles de procès-verbaux sont transmises aux gardes par le chef de cantonnement ; elles sont numérotées ; la remise ou la réception doit en être mentionnée au livret dans la forme suivante :

Remis ou reçu pour le service du triage n°... les feuilles de procès-verbaux de délit portant les n^{os}..., à...

Les gardes doivent justifier de l'emploi de toutes les feuilles reçues. Ils sont tenus de représenter celles qui, par accident, seraient déchirées ou hors de service.

226. **Marteau.** — Le marteau des gardes et des brigadiers est destiné à marquer les chablis et bois de délit. L'empreinte en est quadrangulaire et porte, avec les lettres initiales de la fonction, le numéro du cantonnement et celui du triage ; les

arbres abattus ou rompus par les vents, les souches provenant de délits doivent être, au moment même de la reconnaissance, frappés de l'empreinte du marteau. Cette marque sert à prouver la vigilance du préposé ; elle permet en outre de reconnaître ultérieurement les bois qui viendraient à être enlevés par les délinquants. Il ne suffit pas, cependant, pour qu'un préposé soit à l'abri de tout reproche et déchargé de toute responsabilité, qu'il ait apposé l'empreinte de son marteau sur les souches des arbres enlevés en délit; il faut encore qu'il fasse mention de la découverte de ces délits sur son livret, en indiquant l'essence et la dimension des souches, et qu'il justifie des recherches qu'il a faites pour arriver à connaître les délinquants.

227. **Plaques.** — La plaque est l'insigne des fonctions des préposés forestiers. L'administration des forêts fournit les plaques des gardes domaniaux et mixtes; celles des gardes communaux et d'établissements publics sont payées par les communes et établissements, ou par les préposés. — La plaque se porte ostensiblement.

228. **Correspondance.** — Les gardes embrigadés correspondent directement avec leurs brigadiers; ceux-ci et les gardes non embrigadés correspondent avec leur chef immédiat, garde général ou inspecteur adjoint.

Il est interdit aux préposés d'adresser directement, et sans l'intermédiaire de leurs chefs immédiats, à l'administration ou aux agents supérieurs, toute demande, réclamation ou lettre quelconque relative à leurs fonctions. Il leur est interdit de faire des pétitions collectives.

229. **Franchise.** — Le mode de correspondance en franchise a été réglé par un grand nombre de décisions dont nous indiquerons seulement les dispositions qui intéressent les préposés.

Les brigadiers sont autorisés à correspondre en franchise sous bande, avec les conservateurs, inspecteurs, inspecteurs adjoints, gardes généraux, gardes et cantonniers, dans l'étendue de la conservation à laquelle ils sont attachés.

Les gardes forestiers et les gardes cantonniers sont autorisés à correspondre de la même manière avec leurs brigadiers, dans l'étendue de la circonscription de ces derniers, avec les conservateurs, inspecteurs, inspecteurs adjoints et gardes généraux dans l'étendue de la conservation.

La signature de l'expéditeur doit être écrite à la main après la désignation de sa qualité.

Les paquets contresignés doivent être remis au receveur de la poste ou au facteur, lorsqu'ils auront été jetés à la boîte; ils seront taxés. Les paquets de service pourront être jetés dans les boîtes rurales des communes où il n'y pas de bureau de poste.

Les lettres et paquets contresignés et mis sous bandes ne pourront être reçus et expédiés en franchise, si la largeur des bandes excède le tiers de la surface des lettres et paquets.

Il est défendu de comprendre dans les dépêches expédiées en franchise des lettres, papiers ou objets quelconques étrangers au service.

En cas de soupçon de fraude ou d'omission d'une seule des formalités prescrites, les préposés des postes sont autorisés à taxer les lettres et paquets en totalité, ou à exiger que le contenu soit vérifié en leur présence par les personnes auxquelles ils sont adressés; s'il résulte de cette vérification qu'il y a fraude, ils rédigeront un procès-verbal qui sera transmis à l'administration supérieure.

Tout paquet contresigné dont le poids excéderait un kilogramme pourra être refusé par le directeur de la poste.

230. **Résidence**. — Les préposés résideront dans le voisinage des forêts ou triages confiés à leur surveillance.

Le lieu de leur résidence sera indiqué par le conservateur. (Ord., art. 25.)

Toutefois le conservateur ne peut changer un garde de triage ni déplacer un garde logé en maison forestière sans en référer à l'administration. Le droit conféré au conservateur par l'article 25 de l'ordonnance réglementaire se réduit à pouvoir autoriser un préposé à résider dans un village ou hameau, autre que celui qui lui a été assigné pour résidence.

231. **Incompatibilités.** — L'emploi de garde forestier est incompatible avec toute autre fonction administrative. (C. for., art. 4.)

Cette incompatibilité est absolue pour les gardes domaniaux ou mixtes ; non seulement ceux-ci ne peuvent occuper aucun emploi rétribué, mais ils ne peuvent accepter aucune fonction gratuite ; ainsi, ils ne peuvent être maires, adjoints, membres du Conseil municipal ; ils ne doivent accepter aucune mission, même temporaire, sans l'autorisation de l'administration. Toutes les autorisations accordées pour la surveillance de propriétés particulières par les préposés domaniaux ou mixtes ont été révoquées par décision du 7 juin 1844. (Circ. 545 *bis*.)

Les gardes communaux peuvent être autorisés par le conservateur à surveiller des propriétés, soit communales, soit particulières ; mais ces autorisations, de pure tolérance, sont révocables à volonté.

232. **Prohibitions.** — Les parents ou alliés d'un garde ne peuvent être facteurs des coupes de son triage. Il est interdit aux gardes :

1° De faire commerce de bois, directement ou indirectement, de prendre part aux adjudications de coupes, chablis, glandées et autres menus marchés quelconques (Ord., art. 31 ; C. for., art. 21) ;

2° De tenir auberge ou de vendre des boissons en détail (idem) ;

3° De rien recevoir des adjudicataires ou de toutes autres personnes, pour objet relatif à leurs fonctions (Ord., art. 35) ;

4° De disposer des bois chablis ou de délits gisant en forêt et d'aucun produit forestier ;

5° De chasser. — Ils ne peuvent obtenir de permis de chasse. (L. Chasse, art. 7.)

Ces dispositions, inscrites au livret des préposés, n'ont besoin d'aucun commentaire ; elles doivent être exécutées strictement. Toute infraction entraîne la révocation du garde, sans préjudice des poursuites qui pourraient être dirigées contre lui dans le cas où il se serait rendu coupable de concussion.

233. **Privilège de Juridiction.** — Les préposés forestiers poursuivis à raison des crimes ou délits commis dans l'exercice de leurs fonctions ne peuvent être jugés que par la Cour d'appel ; si le fait incriminé entraîne la peine de la forfaiture ou une autre peine plus grave, l'instruction est faite par le procureur général et le président de la Cour, ou par des magistrats spécialement désignés par eux. Le jugement de la Cour est sans appel. (Code d'instruction criminelle, art. 479, 483, 484.)

Les préposés forestiers ne peuvent être actionnés devant les tribunaux civils pour faits accomplis dans leurs fonctions d'officiers de police judiciaire que par la voie de la prise à partie. Ainsi un garde cité devant le juge de paix ou le tribunal civil pour réparation de dommages causés par lui dans l'exercice de ses fonctions doit récuser la compétence du tribunal ou du juge de paix, et se prévaloir des dispositions des articles 509 et suivants du Code de procédure civile. (Circ. n° 269.)

234. Toutes les fois qu'un préposé est poursuivi en justice pour des faits commis, soit dans l'exercice de ses fonctions, soit à raison de ces mêmes fonctions, il doit, quel que soit d'ailleurs le tribunal devant lequel il est cité, en informer immédiatement son chef de cantonnement, qui lui indiquera la marche à suivre pour sauvegarder ses droits.

235. **Responsabilité.** — Les gardes sont responsables des délits, dégâts, abus et abroutissements qui ont lieu dans leurs triages, et passibles des amendes et indemnités encourues par les délinquants, lorsqu'ils n'ont pas dûment constaté les délits. (C. for., art. 6.)

Nous avons vu, au chapitre VIII, comment un préposé fait constater, au moment de son installation, l'état du triage qu'il est appelé à surveiller. Tous les délits commis depuis cette constatation, et qui n'auraient pas été l'objet de procès-verbaux réguliers, sont mis à la charge du préposé négligent. Il ne suffit pas même, pour que sa responsabilité soit couverte, qu'il ait reconnu et marqué de son marteau les souches des arbres ; rigoureusement, il devrait y avoir constatation par un procès-verbal, ainsi que nous l'avons dit précédemment.

La rédaction de ces actes n'est pas exigée d'une manière absolue pour les délits qui n'ont pas une grande importance, et l'administration n'use du droit qu'elle a de poursuivre les gardes qu'autant qu'il y a de leur part un oubli grave et répété de leurs devoirs. Cependant les préposés devront ne jamais oublier les conséquences que peut entraîner leur négligence à constater les délits.

Les gardes poursuivis comme responsables de délits non constatés sont cités devant le tribunal de police correctionnelle et condamnés aux mêmes peines et dommages qu'ils auraient encourus s'ils avaient eux-mêmes commis les délits qu'ils n'ont pas constatés.

L'action en responsabilité ne peut être exercée contre les préposés sans une autorisation expresse du directeur. (Circul. nº 148.) Les agents n'agissent donc que par délégation du chef de l'administration.

Les préposés ainsi poursuivis ne sont pas considérés comme auteurs des délits non constatés ; aussi ne jouissent-ils pas du privilège d'être jugés par la chambre civile de la Cour d'appel, comme lorsqu'ils sont poursuivis pour crimes ou délits commis dans l'exercice de leurs fonctions.

236. **Peines disciplinaires.** — Les préposés forestiers de toute catégorie sont soumis au contrôle et à la surveillance de leurs supérieurs hiérarchiques. Comme conséquence de cette subordination, ceux-ci ont le droit de leur infliger certaines punitions, dans le cas où ils se seraient rendus coupables de quelque faute contre la discipline ou les règlements forestiers.

Les peines disciplinaires sont : 1° La réprimande simple, verbale ou écrite; — 2° La réprimande avec mise à l'ordre du jour; — 3° La retenue sur le traitement; — 4° La suspension; — 5° Le changement de résidence; — 6° La descente de grade; — 7° Le remplacement pur et simple; — 8° La révocation.

La réprimande verbale ou écrite peut être infligée aux préposés par tous leurs chefs. — La réprimande avec mise à l'ordre du jour dans la brigade, par les chefs de cantonnement, les inspecteurs et le conservateur. — La réprimande contre les brigadiers et les gardes, avec publicité dans le cantonnement, par les inspecteurs et le conservateur, et dans l'inspection par le conservateur seul. — La réprimande avec toute latitude de publicité, par le directeur. — La retenue sur le traitement contre les brigadiers et gardes pour cinq jours au plus, par l'inspecteur, à charge d'en rendre compte au conservateur ; pour quinze jours au plus, par le conservateur, à charge d'en rendre compte au directeur pour les préposés domaniaux, au préfet pour les communaux. — La retenue sur le traitement pour plus de quinze jours, par le directeur, pour les préposés domaniaux, par le préfet pour ceux des communes; la retenue ne peut excéder deux mois de traitement. (Déc. du 9 nov. 1853, art. 17.) — La suspension, par le conservateur, à charge d'en rendre compte immédiatement au directeur ou au préfet, suivant qu'il s'agira de préposés domaniaux ou communaux. — Le changement de résidence, la descente de grade ou de classe, par le directeur ou par le préfet, chacun pour les employés à sa nomination. — Le remplacement pur et simple et la révocation, par le directeur après délibération du Conseil d'administration pour les gardes domaniaux ; par le préfet pour les gardes communaux. (Circ. n° 655, modifiée par le décret du 25 mars 1852.)

Le mode d'instruction des plaintes dont les gardes et brigadiers sont l'objet a été réglé par les circulaires n°s 154 et 620. Il n'est statué sur la plainte qu'après que les préposés inculpés ont été mis en demeure de fournir leurs moyens de justification sur chacun des griefs qui leur sont imputés.

237. **Marques de Respect.** — Tout préposé des forêts doit, même hors du service, de la déférence et du respect aux fonctionnaires forestiers d'un grade supérieur au sien et aux officiers de l'armée de terre et de mer. La marque du respect est le salut, que l'inférieur doit toujours faire le premier.

Les préposés sans armes saluent en portant la main droite au côté droit de la visière du képi ; s'ils sont assis, ils se lèvent. Les honneurs dus par les hommes sous les armes sont indiqués dans le règlement militaire annexé au livret dont tous les chasseurs forestiers sont munis.

Tout préposé interrogé par un agent doit se tenir debout, le képi à la main, jusqu'à ce qu'il reçoive la permission de se couvrir et de s'asseoir. Quand un préposé veut parler à un agent, il doit porter la main à son képi et attendre l'autorisation de prendre la parole.

En marche, les gardes et brigadiers doivent se tenir à dix pas en arrière des agents, à l'exception du garde du triage, qui marche en avant pour montrer le chemin ; les menus bagages des agents sont portés par les plus jeunes gardes.

Pendant les haltes, les préposés s'installeront à quelques pas des agents, afin de laisser ces derniers s'entretenir librement.

CHAPITRE XI

ORGANISATION MILITAIRE

Service militaire. — Dispositions générales. — Organisation des compagnies de chasseurs forestiers. — Traitement civil. — Uniforme, entretien. — Armement. — Grand équipement. — Petit équipement. — Muuitions. — Changements de résidence.

238. **Service militaire.** — Tout Français qui n'est pas reconnu impropre au service militaire fait partie de l'armée, depuis vingt jusqu'à quarante-cinq ans. Tout homme appelé fait partie, d'abord de l'armée active ; puis de la réserve de l'armée active ; ensuite de l'armée territoriale ; enfin de la réserve de l'armée territoriale.

Les soldats qui ne sont pas maintenus sous les drapeaux pendant qu'ils font partie de l'armée active sont soumis à des revues et à des exercices ; ceux qui font partie de la réserve de l'armée active sont assujettis à prendre part, pendant la durée de leur service dans cette réserve, à deux manœuvres, dont chacune ne peut dépasser quatre semaines.

L'armée territoriale est formée des hommes qui ont accompli le temps de service prescrit pour l'armée active et la réserve. Elle ne peut être appelée l'activité que sur l'ordre de l'autorité militaire.

Tout homme inscrit sur les registres matricules qui change de domicile est tenu d'en faire la déclaration à la mairie de la commune qu'il quitte et à celle du lieu où il va s'établir.

Ces dispositions, communes à tous les Français, ont été modifiées, en ce qui concerne les préposés des forêts, par divers décrets dont le dernier, en date du 18 novembre 1890, a organisé le personnel des forêts en compagnies de chasseurs forestiers.

239. **Chasseurs forestiers.** — Ces compagnies, formées des préposés forestiers de toute catégorie en état de porter les armes, sont destinées à seconder les armées opérant dans la région du service de paix des préposés qui les composent ; elles sont commandées par des officiers pris dans le personnel forestier ; les sous-officiers sont pris parmi les brigadiers, et les caporaux parmi les brigadiers et les gardes de 1re classe. Les gardes ont rang de soldats de 1re classe.

Dans chacun des départements de l'Algérie, les chasseurs forestiers sont organisés en sections correspondant, autant que possible, aux inspections forestières. (Instr. min. du 4 avril 1892.)

Les préposés dont l'invalidité sera reconnue seront éliminés du corps des chasseurs forestiers sans cesser pour cela d'appartenir à l'administration des forêts. Les conservateurs délivreront aux préposés ainsi affranchis du service militaire un certificat d'élimination.

Ces préposés sont obligés, en cas d'appel à l'activité des compagnies ou sections de chasseurs forestiers de leur région, de verser immédiatement dans le magasin de troupe désigné à l'avance, leurs armes et effets militaires, même ceux d'uniforme qui leur appartiennent. Il leur est donné reçu de ces objets. A partir de l'ordre de mobilisation, les préposés qui ont cessé de faire partie du corps des chasseurs forestiers ne doivent plus porter que la plaque pour tout insigne.

Les préposés qui sont investis du grade de *sergent major* dans le corps des chasseurs forestiers devront aussi verser, au moment de l'appel à l'activité, les fusils dont ils sont pourvus pour leur service ordinaire, dans le magasin de troupe de leur circonscription. (Circ. du 6 octobre 1883.)

A dater du jour de l'appel à l'activité, les compagnies ou sections de chasseurs forestiers font partie de l'armée et jouissent des mêmes droits, honneurs et récompenses que les corps de troupe qui la composent. Ces compagnies, appelées à l'activité, sont assimilées à l'armée active pour la solde et les prestations, allocations et indemnités de toute nature.

240. **Traitement civil.** — En outre de ces allocations, qui sont à la charge du ministère de la guerre, les chasseurs forestiers mobilisés continueront à jouir de leur traitement civil. (Décis. min. 29 juin 1876.)

Ils peuvent déléguer, en ce cas, tout ou partie de ce traitement à leurs femmes ou à leurs autres parents.

Cette délégation se fait sur papier libre. Nous donnons sous le nº 31 des formules un modèle en blanc d'acte de cette espèce.

241. **Uniforme.** — Un arrêté ministériel, en date du 5 juin 1891, a réglé ainsi qu'il suit l'uniforme des chasseurs forestiers, uniforme qui sera à l'avenir la grande tenue des gardes et brigadiers :

1º Jaquette ajustée en drap vert finance, croisant sur la poitrine et garnie de dix boutons grelots en étain, cinq de chaque côté également espacés; devants d'un seul morceau avec poches munies d'une patte extérieure rectangulaire; manches larges et parements droits; le tout passe-poilé en drap du fond; collet droit, passe-poilé en drap jonquille avec deux cors de chasse de même couleur aux angles de devant, pattes d'épaule en drap doublé de basane, également passe-poilées de jonquille et munies chacune d'un bouton; pattes de ceinturon en drap du fond, passe-poilées de même, placée à gauche sur la hanche; sa tête est percée d'une boutonnière faite en drap pour recevoir un bouton d'uniforme, la patte est doublée en drap du fond et de plus, à partir du bas de la boutonnière, garnie d'une bande en veau noirci; la doublure de la jaquette descendant jusqu'au bas du vêtement;

2° Pantalon modèle d'infanterie en drap gris-bleuté clair, avec passe-poils jonquille;

3° Képi en drap vert finance avec passe-poils jonquille et cor de chasse sur le bandeau, ventouses sur le côté, visière et jugulaire en cuir verni fixée par deux boutons;

4° Collet à capuchon en drap gris bleuté, passe-poils couleur du fond, quatre boutons sur la poitrine;

5° Cravate longue en tissu de coton bleu de ciel foncé, modèle d'infanterie.

L'uniforme des préposés forestiers de l'Algérie a été réglé par un arrêté ministériel en date du 3 août 1892. Il diffère de celui des préposés de la métropole en ce que la jaquette est remplacée par un dolman se boutonnant droit sur la poitrine. Le pantalon est du modèle de la cavalerie. Le képi, le collet et la cravate sont pareils à ceux de la métropole, mais les forestiers d'Algérie ont en outre une veste de treillis, fermant sur la poitrine.

Les marques distinctives des grades sont ;

1° Pour les brigadiers, un galon de six millimètres de largeur formé de trois traits de soie verte espacés sur un fond argent, composé de trois traits.

2° Pour les gardes de 1re classe, une tresse en laine jaune et noire en mélange, placée comme il est dit ci-dessus.

Les marques distinctives de grade des préposés qui remplissent les fonctions de sous-officiers et caporaux dans les compagnies de chasseurs sont les suivantes :

Sergent-major. — Trois galons en argent de 22 millimètres de largeur, façon dite *à la lézarde*, séparés de 3 millimètres l'un de l'autre, placés sur chaque avant-bras de la jaquette, plongeant de dehors en dedans, l'extrémité supérieure à 150 millimètres de l'orifice de la manche et l'extrémité inférieure immédiatement au-dessus du bord du parement.

Sergent. — Deux galons de même nature et de même dimension que ceux de sergent-major, et placés d'une manière identique.

Fourrier. — Mêmes galons que le sergent.

Caporal. — Un galon d'argent de même dimension que ceux du sergent et placé de la même manière.

Les préposés forestiers domaniaux, communaux ou mixtes, qui sont incorporés dans les compagnies de chasseurs forestiers, reçoivent, aux frais du Trésor, l'habillement de grande tenue.

242. **Entretien.** — Le renouvellement des effets qui composent cette grande tenue est assuré par une retenue annuelle de 15 fr., faite par douzième sur les traitements domaniaux et par quart sur les traitements communaux.

La retenue à opérer sur le traitement des préposés de l'Algérie est de 18 francs par an.

La durée des effets est fixée ainsi qu'il suit :

Jaquette ou dolman, 5 ans.

Pantalon et képi, 3 ans. En Algérie, la durée du pantalon est réduite à 2 ans.

Collet à capuchon, 10 ans.

Veste de treillis, 2 ans.

A l'expiration de chaque semestre, les conservateurs feront connaître les préposés dont les effets atteindront la durée réglementaire dans le semestre suivant, et ceux dont les effets, bien que n'ayant pas la durée prescrite, devront être remplacés.

Au vu de ces propositions, le directeur des forêts prescrira la fourniture des effets à remplacer.

La dépense relative aux effets parvenus à la durée réglementaire sera imputée sur les fonds de la masse générale.

Il en sera de même pour les effets qu'il y aura

lieu de remplacer, quoique n'ayant pas atteint la durée prescrite, et dont la détérioration serait le résultat du défaut de soin ou de la négligence. Toutefois une retenue supplémentaire, représentant la valeur de l'effet à remplacer pour le délai pendant lequel il aurait dû rester en service, sera opérée sur le traitement du préposé destinataire au profit de la caisse de masse.

Le montant du prix des galons de grade donnera lieu également à une retenue supplémentaire opérée dans les mêmes formes.

Les réparations ou renouvellements d'effets nécessités par des détériorations résultant d'un service commandé resteront à la charge de l'État.

Les effets de première mise qui sont fournis par l'administration n'appartiennent aux préposés qui les ont reçus qu'après une année écoulée depuis la réception.

Tout préposé qui abandonne la carrière par démission ou révocation, moins d'une année après avoir reçu ces effets, devra les remettre à son chef immédiat.

Les vêtements distribués à titre d'entretien au moyen du fonds des retenues appartiennent aux préposés dès qu'ils les ont reçus.

Les retenues ne pourront, en aucun cas, donner lieu à répétition de la part des intéressés, et les fonds versés seront définitivement acquis à la masse d'entretien.

243. Les préposés qui ont fait partie des compagnies et qui à ce titre ont reçu leur premier habillement continueront, pendant tout le temps qu'ils resteront au service, à supporter la retenue affectée à la masse d'entretien.

Moyennant cette retenue, leurs effets d'habillement seront renouvelés, ainsi qu'il a été expliqué au paragraphe précédent.

244. L'administration désigne les fournisseurs auxquels les commandes doivent être faites par l'intermédiaire des conservateurs. Les mesures sont prises par les tailleurs délégués des fournisseurs ; les effets, soumis d'abord à un premier examen à Paris, sont essayés en présence du chef de cantonnement et définitivement reçus, comme ceux que l'administration délivre aux chasseurs des compagnies actives, par une Commission composée de deux agents forestiers et d'un brigadier désignés par le conservateur.

Les conservateurs sont chargés d'assurer le paiement des fournisseurs.

245. Les marchés passés avec les fournisseurs de l'administration portent aux prix suivants les divers objets d'habillement des préposés forestiers :

Effets d'Habillement.

Jaquette........	21 fr.	40
Collet à capuchon.	18	
Pantalon........	13	50
Képi...........	3	18
Total...	56	08

Insignes de Grade.

Sergent-major et fourrier.	7 fr.	87
Sergent................	5	25
Caporal................	2	65
Clairon................	1	41
Brigadier forestier.......	2	50
Garde de 1re classe......	0	71

246. **Armement.** — Les préposés forestiers sont actuellement armés du fusil Lebel, avec sabre-baïonnette. Ces armes appartiennent à l'État ; les préposés qui en sont détenteurs doivent les entretenir soigneusement. Une instruction sur le démontage, le remontage et l'entretien du fusil est entre les mains de tous les forestiers. Les réparations qui deviendraient nécessaires par suite de défaut d'entretien ou par négligence des préposés sont laissées à leur charge. Ces réparations sont faites par les armuriers militaires, sur la demande des inspecteurs. (Circul. 184.)

En même temps que le fusil et le sabre, il a été remis à tous les préposés un nécessaire d'armes et un étui à aiguilles; les caporaux et sous-officiers ont reçu en outre une grande curette et deux têtes mobiles.

247. **Grand Équipement.** — Le grand équipement comprend

1° Le ceinturon,

2° La plaque et coulant de ceinturon,

3° La poche à cartouches,

4° La giberne,

5° La bretelle de fusil,

6° Le havre-sac avec courroies.

Ces divers objets sont fournis par l'État, dont ils restent la propriété; les gardes, qui en sont simplement détenteurs, doivent les entretenir avec le même soin que les armes.

Les fusils, sabres et fourreaux portent les numéros sous lesquels ils figurent dans les inventaires de la guerre.

Les autres objets de grand équipement et ceux d'habillement, portent le numéro matricule de l'homme qui les détient.

Il est interdit d'échanger ces divers objets, qui doivent être représentés à toute réquisition.

248. **Petit Équipement.** — Indépendamment de l'habillement et du grand équipement, les chasseurs

forestiers doivent se pourvoir des effets de petit équipement dont le détail est indiqué sur le livret dont chacun d'eux est porteur. Quelques-uns de ces objets que les gardes ne peuvent pas se procurer facilement, comme les cravates, les trousses, etc., sont donnés par l'administration.

Il est prescrit aux chasseurs forestiers de tenir toujours leur équipement en état, afin qu'au premier appel ils puissent se rendre au lieu de rassemblement qui leur est indiqué.

La chaussure doit être surtout l'objet d'une grande attention. Les forestiers savent mieux que personne combien il est difficile de supporter la marche, si l'on n'est pas bien chaussé. Aussi devront-ils conserver toujours, pour le cas de mobilisation, une paire de souliers déjà portés, afin de ne pas se mettre en route avec une chaussure neuve qui pourrait les blesser.

249. **Munitions.** — Les munitions de guerre sont délivrées aux chasseurs forestiers par le service de l'artillerie, sur la demande des conservateurs, lorsque les compagnies ne sont pas mobilisées.

Il est alloué, par an et par homme inscrit sur les contrôles, trente cartouches pour les exercices de tir.

Ces cartouches ne peuvent être employées à aucun autre usage, et elles doivent être mises en réserve si les exercices de tir n'ont pas lieu.

Ces munitions, étant exposées à s'altérer par l'humidité, seront serrées dans un lieu sec et à l'abri du feu.

Les préposés reçoivent en outre un approvisionnement minimum de dix cartouches leur appartenant pour leur défense personnelle et les besoins du service. Le prix de ces cartouches est payé au moyen d'une retenue sur leur mandat de traitement.

Dans les conservations dépendant des 6e, 7e, 14e et 15e corps d'armée, une réserve de trente cartouches est confiée aux préposés. Ces cartouches de réserve ne doivent pas être confondues avec celles qui appartiennent aux préposés ni avec celles qui leur sont délivrées pour les exercices de tir.

250. **Changements de Résidence.** — En cas de changement de résidence, les cartouches de tir non encore consommées, et celles de réserve seront laissées par le préposé sortant à son successeur. Le procès-verbal d'installation fait mention de cette remise. Les cartouches appartenant au préposé sortant sont reprises par le préposé entrant qui en rembourse le prix.

Le préposé sortant qui ne quitte pas la conservation emporte son arme ainsi que les accessoires (sabre-baïonnette, fourreau et nécessaire d'armes); s'il change de conservation, il remet ces objets au chef de cantonnement, qui vérifie s'ils sont en bon état. (Circ. n° 257.)

Les effets de grand équipement sont emportés par le garde sortant, quelle que soit sa destination.

Les préposés de l'administration des forêts forment, au point de vue militaire, une catégorie spéciale de *non-disponibles*. Aussi sont-ils affranchis de l'obligation imposée à tous les hommes inscrits sur les contrôles de l'armée de faire connaître leurs changements de domicile aux autorités municipales et de faire viser leurs titres par la gendarmerie.

Mais les préposés qui abandonneraient la carrière forestière, soit à titre définitif, par suite de démission ou de révocation, soit à titre temporaire, par suite de suspension ou de mise en disponibilité, rentrent dans le droit commun et sont assujettis aux dispositions de l'article 34 de la loi du 27 juillet 1872. C'est à eux qu'incombe l'obligation de faire connaître leur domicile à la mairie de leur nouvelle résidence. Ils sont soumis aux conditions de la classe de recrutement à laquelle ils appartiennent par leur âge.

251. **Feuilles de Route.** — Les chasseurs forestiers voyagent à quart de place sur les voies ferrées lorsqu'ils sont déplacés pour le service militaire (exercices de tir, revues, manœuvres, inspections d'armes, etc.); pour qu'ils jouissent de cet avantage,

il est indispensable qu'ils soient munis de feuilles de route.

Ces feuilles leur sont remises par leurs chefs en même temps que les ordres de déplacement. (Circul. nº 254.)

CHAPITRE XII

RECRUTEMENT — AVANCEMENT — ENSEIGNEMENT

Gardes domaniaux. — Gardes cantonniers. — Gardes communaux. — Nominations. — Brigadiers. — Conditions d'avancement. — Candidatures.

École secondaire des Barres. — Conditions du concours. — Régime de l'École. — Examens. — École pratique des Barres.

252. **Gardes domaniaux.** — Les trois quarts des emplois de garde domanial ou mixte et de garde sédentaire sont réservés aux sous-officiers présentés par la commission supérieure instituée par la loi du 24 juillet 1873.

Ces sous-officiers doivent compter sept ans de service dans l'armée active, dont quatre ans dans le grade de sous-officier; ils peuvent être admis jusqu'à l'âge de 35 ans.

L'autre quart des emplois est attribué : aux fils d'agents forestiers ou de préposés domaniaux ou mixtes, aux gardes cantonniers et aux gardes communaux sachant lire, écrire, rédiger un procès-verbal, connaissant les quatre règles de l'arithmétique et les éléments du système métrique. Les fils d'agents ou de préposés ne peuvent être admis avant 25 ans ni après 35 ans ; ils doivent avoir satisfait à la loi sur le recrutement de l'armée.

Les gardes communaux, pour être nommés à des emplois domaniaux, doivent avoir au moins quatre ans de service et n'avoir pas plus de 35 ans. Cette limite d'âge est reportée à 40 ans pour ceux qui justifient de cinq ans de service militaire. Les gardes communaux fils d'agents ou de préposés domaniaux peuvent être nommés dans le service domanial sans avoir passé quatre ans au service des communes.

253. **Gardes cantonniers.** — Ces préposés sont choisis parmi les anciens militaires ayant quitté l'armée avec le grade de sous-officier. Ils ne peuvent être nommés s'ils ne sont âgés de 25 ans et s'ils ont plus de 35 ans. (Circul. 823.) Ils doivent savoir lire, écrire et faire les quatre règles d'arithmétique. Les gardes cantonniers peuvent être nommés gardes à triage quand ils ont quatre années de service, quel que soit leur âge.

254. **Gardes communaux.** — Les gardes communaux sont choisis parmi les candidats sachant lire, écrire et faire les quatre règles. Ils doivent avoir 25 ans au moins et 35 ans au plus.

255. **Nominations.** — Les gardes domaniaux et les gardes mixtes qui leur sont complètement assi-

milés, les gardes cantonniers et les gardes sédentaires sont nommés par le ministre de l'agriculture, sur la présentation du directeur des forêts pour les postes de France et sur celle du gouverneur général pour ceux de l'Algérie. (Décr. du 23 sept. 1883.)

Les gardes communaux sont nommés par les préfets sur la présentation des conservateurs des forêts. (Décr. du 25 mars 1852; Circul. du 4 juillet 1866, nº 21.)

256. **Brigadiers.** — Les emplois de brigadier ne peuvent être donnés qu'à des gardes ayant au moins deux ans d'exercice en cette qualité.

Le ministre nomme les brigadiers domaniaux et mixtes; les brigadiers communaux sont nommés par les préfets sur la proposition des conservateurs.

Les brigadiers hors classe ne peuvent être choisis que parmi les brigadiers de 1re classe âgés d'au moins cinquante ans et qui ne se trouvent pas dans les conditions voulues pour être portés au tableau d'avancement pour le grade de garde général stagiaire.

257. **Conditions d'Avancement.** — Le tiers des emplois de garde général est réservé aux préposés du service actif. (Décr. du 23 octobre 1883; Arr. min. du 7 février 1884.)

Pour être nommé au grade de garde général, les brigadiers doivent remplir les conditions suivantes :

Compter quinze ans de service, dont quatre au moins dans la partie active;

Être en activité de service;

Être âgé de moins de 50 ans;

Être jugé apte à remplir les fonctions d'agent forestier. (Id.)

Les préposés qui ont subi avec succès les examens de sortie de l'École secondaire des Barres peuvent être nommés gardes généraux sans avoir quinze ans de service.

Les brigadiers qui, antérieurement au 1er janvier 1884, étaient chargés des fonctions de chef de cantonnement ou de chef de section dans le service du reboisement, ou enfin placés à la tête d'un groupe de circonscription d'auxiliaire pourront, lorsqu'ils compteront quinze années de service, être relevés de la déchéance d'âge fixée par l'art. 6 de l'arrêté du 7 février 1884. (Arr. min. du 15 février 1884.)

258. **Candidatures.** — Les brigadiers domaniaux et communaux qui remplissent les conditions d'âge et de service indiquées au paragraphe précédent doivent, s'ils aspirent à obtenir le grade de garde général, adresser leur demande à leur chef hiérarchique avant le 1er février.

Cette demande peut être faite dans le mois de janvier de l'année pendant laquelle s'accomplit la quinzième année de service du brigadier.

Au vu de ces demandes, le conservateur établit un relevé général des préposés réunissant les conditions réglementaires. Ce relevé, auquel sont annexés, pour chaque candidat, un rapport détaillé dans lequel ses titres sont constatés et appréciés par les différents chefs et la copie de ses feuilles de notes, est transmis à la direction des forêts.

Les dossiers ainsi formés sont communiqués aux administrateurs, pour qu'ils puissent s'éclairer, pendant leurs tournées, sur les mérites de ces préposés et formuler leurs conclusions personnelles, en s'expliquant sur les antécédents, la conduite, le caractère, la tenue, l'aptitude professionnelle et le degré d'instruction de chacun d'eux.

D'après l'examen des dossiers, le comité d'avancement se prononce sur l'inscription des candidats au tableau d'avancement ou leur ajournement.

Les brigadiers portés au tableau d'avancement sont, suivant les besoins du service, attachés à une inspection avec le titre de garde général stagiaire. (Arr. min. du 7 février 1884.)

La durée de ce stage est subordonnée au degré d'aptitude de ces agents et aux besoins du service. (Arr. du 25 juillet 1881.)

Les gardes généraux sont tous admissibles aux emplois supérieurs, sans distinction d'origine. (Déc. du 23 octobre 1883; Arr. min. du 7 février 1884.)

259. **École secondaire des Barres.** — L'administration des forêts a créé, sur son domaine des Barres-Vilmorin, une école destinée à compléter l'instruction des préposés forestiers et à les préparer aux fonctions d'agents. Nul n'est admis à cette école que par voie de concours.

260. **Conditions du Concours.** — Sont seuls admis à concourir les gardes et brigadiers forestiers, domaniaux et communaux, ayant moins de 35 ans au 1er janvier de l'année du concours et devant compter au 1er octobre suivant trois années de service actif.

Il suffit de deux années de service actif pour les fils d'agents et de préposés élèves de l'École pratique des Barres ayant satisfait aux examens de sortie de cette école.

Le nombre des élèves à admettre à l'École secondaire est fixé à six par an (décret du 14 janvier 1888).

La durée du cours d'études est de deux ans.

Les conditions du concours d'admission sont formulées dans un programme approuvé par le ministre de l'agriculture le 5 juin 1884, programme que nous reproduisons *in extenso* dans l'appendice qui termine ce volume.

261. **Régime de l'École.** — Les préposés admis à la suite du concours annuel reçoivent, s'ils ne l'ont

déjà, le grade de brigadier. Ils conservent la tenue, l'armement et l'équipement des préposés forestiers, avec les insignes correspondant à leur grade, et ils restent soumis aux mêmes obligations professionnelles que dans le service actif.

Il est alloué aux préposés pendant la durée des cours, et en plus de leur traitement et des avantages réglementaires, une indemnité de séjour calculée à raison de 50 fr. par mois, et en outre une indemnité de route calculée d'après le tarif réglementaire (voir § 202) pour se rendre de leur résidence à l'école ainsi que pour le retour.

Les élèves de l'École secondaire doivent pourvoir, sous le contrôle du directeur de l'établissement, à leur nourriture et à leur entretien. L'administration leur fournit mobilier, literie, vaisselle, ustensiles de table et de cuisine, chauffage, éclairage, instruments, outils, livres, papiers et plumes.

A leur arrivée, les préposés doivent être pourvus de leurs uniformes de grande et de petite tenue et du linge de corps dont suit le détail : 4 chemises, 6 paires de chaussettes, 3 caleçons, 6 mouchoirs.

L'uniforme de grande tenue est entretenu, comme il a été indiqué au § 242, au moyen de la retenue opérée sur le traitement.

262. **Peines disciplinaires.** — Un conseil de discipline, composé du directeur et des professeurs

de l'École, se prononce sur le compte des élèves qui, par des fautes graves, par leur inconduite habituelle ou leur défaut d'application, se mettraient dans le cas d'être exclus de l'École.

L'exclusion est prononcée par le ministre sur la proposition du conseil de discipline, transmise par le directeur des forêts avec son avis, le conseil d'administration entendu.

263. **Examens.** — A la fin des cours, les brigadiers élèves subissent devant le directeur et les professeurs de l'École réunis en jury, sous la présidence du directeur de l'administration ou d'un administrateur délégué, les examens de passage en 1re division ou de sortie.

Les élèves sont classés par ordre de mérite d'après les résultats de ces examens et les notes de l'année.

Ceux qui ont satisfait aux examens de sortie font connaître, d'après une liste dressée chaque année par l'administration, les conservations où ils désirent spécialement être appelés. Ils sont, suivant les besoins du service, attachés à une inspection en qualité de gardes généraux stagiaires, comme les élèves de l'Ecole nationale forestière et les brigadiers sortant du rang. (Décr. du 23 octobre 1883 ; Arr. min. du 7 février 1884.)

Les préposés qui n'ont pas satisfait aux épreuves de passage ou de sortie sont renvoyés dans le service actif avec le grade qu'ils avaient avant leur entrée à l'École. Toutefois le titre de brigadier peut être maintenu à ceux d'entre eux qui auront fai preuve d'assiduité et de travail. Les préposés qui auraient eu une interruption forcée de travail de plus de quarante-cinq jours consécutifs peuvent être autorisés par le ministre, à titre exceptionnel, à redoubler une année des cours.

264. **École pratique des Barres.** — A côté de l'École secondaire, qui est spécialement destinée à faciliter aux préposés des forêts l'accès aux emplois supérieurs, l'administration a créé aux Barres une école pratique qui a pour objet de former des gardes particuliers, des régisseurs agricoles et forestiers.

Les élèves qui auront satisfait aux examens de sortie de cette école recevront un certificat délivré par le ministre de l'agriculture. Les jeunes gens munis de ce certificat pourront, s'ils ont satisfait à la loi militaire et s'ils ont 25 ans, être nommés gardes domaniaux de 2e classe.

Pour être admis à concourir, les candidats doivent avoir 17 ans au moins et 35 ans au plus, au premier janvier de l'année du concours.

Nous renvoyons, pour de plus grands détails sur les conditions du concours et le régime de l'école, au texte de l'arrêté du 15 janvier 1888 reproduit *in extenso* dans l'appendice n° 37.

CHAPITRE XIII

SERVICE SÉDENTAIRE

Gardes sédentaires. — Brigadiers sédentaires. — Administration centrale. — Commis temporaires.

Les employés attachés au service des bureaux des conservateurs et des inspecteurs sont désignés sous les dénominations de gardes et de brigadiers sédentaires et de commis temporaires.

265. **Gardes sédentaires.** — Les gardes sédentaires sont choisis parmi les sous-officiers présentés par la commission des emplois civils (voir § 252), parmi les préposés du service actif, les fils d'agents, ou de préposés domaniaux et, à défaut de candidats de ces catégories, parmi les anciens militaires âgés de 25 ans au moins et de 35 ans au plus, ayant quitté l'armée avec le grade de sous-officier. (Arr. min. 11 décembre 1886.)

Comme les préposés du service sédentaire ne sont pas astreints à la prestation du serment et qu'ils ne sont pas officiers de police judiciaire, il n'est pas absolument indispensable qu'ils aient 25 ans accomplis.

Pour être admis dans le service sédentaire, les candidats, qu'ils sortent de l'armée, du service actif ou du civil, doivent avoir une belle écriture, savoir l'orthographe, et connaître assez bien l'arithmétique pour faire couramment les quatre règles; il est aussi à désirer qu'ils sachent copier un plan.

Le traitement des gardes sédentaires est de 900 fr. par an; il est porté à 950 fr. pour ceux qui ont la médaille forestière. Il leur est en outre alloué une indemnité de logement de 150 fr. par an. Les gardes et brigadiers sédentaires reçoivent des fournitures de chauffage comme les préposés du service actif. Quand le bois ne peut leur être délivré en nature, il leur est alloué une indemnité, qui dans aucun cas, ne peut dépasser 100 fr. (Circ. du 18 mars 1890, nº 418.) Le traitement est soumis aux mêmes retenues que celui des préposés du service actif. (Voir §§ 195, 242.) Il est acquitté de la même manière.

Les gardes sédentaires font partie des compagnies de chasseurs forestiers, s'ils sont en état de porter les armes. (Voir § 239.)

Les gardes sédentaires ne peuvent être admis à concourir pour l'École secondaire des Barres, s'ils n'ont pas exercé pendant trois ans au moins les fonctions de garde dans le service actif.

266. **Brigadiers sédentaires.** — Les préposés de

ce grade remplissent dans les bureaux des chefs de service les mêmes fonctions que les gardes; ils tiennent les livres d'ordre et de comptabilité, dressent les états et expédient la correspondance.

Les brigadiers sédentaires sont pris soit parmi les gardes sédentaires ayant au moins deux ans de service, soit parmi les gardes ou les brigadiers du service actif.

Le traitement de ces préposés est de 1.000 fr. pour la 3e classe, de 1.100 pour la 2e, de 1.200 pour la 1re et de 1.300 fr. pour les brigadiers hors classe. (Circ. 26 avril 1889, n° 409.) Ils touchent en outre 150 fr. par an à titre d'indemnité de logement et leur chauffage comme il est dit au § 265. Le traitement des brigadiers médaillés est augmenté de 50 francs.

Les brigadiers sédentaires ne peuvent aspirer au grade de garde général ni concourir pour l'École secondaire des Barres, s'ils n'ont été pendant trois ans dans le service actif.

Ceux qui demandent à rentrer dans ce service reprennent le traitement afférent aux brigadiers de leur classe, du service actif.

267. **Administration centrale.** — Les brigadiers et gardes sédentaires, comme ceux du service actif, peuvent aspirer aux emplois de commis à

l'administration centrale, s'ils ont au moins trois ans de services valables pour la retraite.

Les titres, classes et émoluments des commis attachés à l'administration centrale sont réglés ainsi qu'il suit : commis 7e classe : 1 800 fr. ; 6e classe 2.100 fr. ; 5e classe : 2.400 fr. ; 4e classe, 2.700 fr. ; 3e classe : 3.000 fr. ; 2e classe : 3,300 fr. ; 1re classe : 3.600 fr. ; classe exceptionnelle : 4.000 fr. (Arrêté min. 12 octobre 1890.)

268. **Commis temporaires.** — Les commis temporaires sont choisis par les agents qui les emploient et payés par eux au moyen des fonds que l'administration alloue pour frais d'écritures.

Ces employés ne font pas partie du personnel de l'administration des forêts, ils ne sont pas compris dans les cadres des compagnies de chasseurs forestiers. Il n'est fait aucune retenue sur leur salaire, ils n'ont aucun droit à une pension de retraite.

Il n'y a pour l'admission des commis temporaires aucune limite d'âge. Les chefs de service peuvent choisir des jeunes gens encore mineurs ou des hommes déjà avancés en âge. L'administration leur laisse le choix de ces auxiliaires, qu'ils peuvent d'ailleurs renvoyer dès qu'ils n'en sont plus satisfaits.

Les services rendus par les commis temporaires ne leur créent aucun droit à entrer dans l'administration. Cependant ceux qui montrent de l'aptitude et du goût pour le travail sont nommés gardes sédentaires de préférence aux candidats qui ne sont ni sous-officiers ni fils d'agents ou de préposés.

CHAPITRE XIV

GARDES PARTICULIERS, GARDES-CHASSE ET GARDES-VENTE

Gardes particuliers. — Nomination. — Serment. — Compétence. — Privilège de juridiction. — Procès-verbaux. — Renvoi. — Exploitations. — Chasse. — Instruction professionnelle.

Gardes-chasse. — Nomination. — Révocation. — Permis de chasse. — Uniforme. — Renvoi.

Gardes-vente. — Nomination. — Serment. — Compétence. — Procès-verbaux. — Vérification de réserves. — Demandes de harts. — Délais d'exploitation. — Registre. — Permis d'exploiter.

269. **Nomination.** — Les particuliers possesseurs de forêts ont le droit de nommer des gardes qui exercent sur ces propriétés la même surveillance que les préposés commissionnés par l'administration des forêts sur les bois soumis au régime forestier.

Les commissions de garde délivrées par des particuliers devront être rédigées sur timbre. (Voir Formule n° 28.)

Elles sont soumises à l'enregistrement au droit fixe de 3 fr. 75.

Si plusieurs propriétaires nomment, par le même acte, un seul garde pour leurs bois, il est dû autant de droits d'enregistrement qu'il y a de propriétaires distincts

Les fonctions de garde particulier ne peuvent être confiées qu'à des hommes ayant 25 ans accomplis.

Les gardes nommés par les particuliers devront être agréés par le sous-préfet de l'arrondissement. (C. for., art. 117.)

Les demandes tendant à faire agréer les gardes particuliers sont déposées à la préfecture. Il en sera donné récépissé. Après l'expiration du délai d'un mois, le propriétaire qui n'aura pas obtenu de réponse pourra se pourvoir devant le ministre. (Loi du 12 avril 1892.)

Les pièces à produire à l'appui de la demande sont : 1° la commission délivrée par le ou les propriétaires ; 2° un extrait de l'acte de naissance du candidat; 3° un extrait du casier judiciaire.

L'extrait de l'acte de naissance peut être demandé soit au maire de la commune où est né le candidat, soit au greffier du tribunal de l'arrondissement dans lequel se trouve cette commune. Le coût de cet acte est de 2 fr. 25.

L'extrait du casier judiciaire doit être demandé par le candidat lui-même au greffier du tribunal de l'arrondissement dans lequel il est né. Le coût de cet extrait est de 3 fr. 50.

270. **Serment.** — Les gardes particuliers ne peuvent exercer leurs fonctions qu'après avoir prêté serment devant le tribunal de première instance. (C. for., art. 117.)

Le tribunal ne peut refuser d'admettre à la prestationde serment un garde particulier agréé par le sous-préfet, si d'ailleurs ce garde remplit les conditions d'âge et de capacité exigées par la loi.

Le serment que prêtent les préposés commissionnés par les particuliers est le même que celui des préposés de l'administration ; il est assujetti aux mêmes formalités. (Voir § 183.) Toutefois, la commission ayant dû être rédigée sur timbre et enregistrée au préalable, il n'y a pas lieu dela soumettre au timbre à l'extraordinaire.

271. **Compétence.** — Le garde forestier d'un particulier est sans qualité pour constater les délits commis au préjudice d'une autre personne.

Sa compétence comme officier de police judiciaire est limitée aux propriétés indiquées sur sa commission.

272. **Privilège de Juridiction.** — L'acceptation par l'autorité administrative de préposés commissionnés par un ou plusieurs particuliers et le serment qu'ils prêtent confèrent à ces gardes la qualité d'officier de police judiciaire ; aussi jouissent-ils du

privilège de juridiction comme les préposés de l'administration des forêts. (Voir § 222.)

273. **Révocation.** — Un garde particulier peut être révoqué par la personne qui l'a nommé ou ses représentants légaux. Cette révocation s'opère par le retrait de la commission.

Les préfets pourront, par décision motivée, le propriétaire et le garde entendus ou dûment appelés, rapporter les arrêtés agréant les gardes particuliers. (Loi du 12 avril 1892.)

Les gardes particuliers, n'exerçant leurs fonctions que dans l'intérêt privé des particuliers qui les nomment, ne sont pas agents du gouvernement.

Néanmoins les violences et voies de fait exercées contre des gardes particuliers dans l'exercice de leurs fonctions sont considérées comme des actes de rébellion, parce que la qualité d'officier de police judiciaire leur donne une autorité spéciale. Pour que cette autorité ne soit point méconnue, il importe que ces gardes soient revêtus de la plaque qui est le signe distinctif de leurs fonctions.

274. **Procès-Verbaux.** — Les procès-verbaux rédigés par les gardes particuliers font foi jusqu'à preuve contraire. (C. for., art. 188.)

Ces actes doivent être dressés sur papier timbré ; ils sont, du reste, soumis aux formalités de l'affirmation et de l'enregistrement, comme les procès-verbaux dressés par les gardes de l'administration.

275. Toutes les règles de la constatation des délits indiquées au chapitre Ier s'appliquent aux procès-verbaux dressés par les gardes particuliers, à l'exception du droit de réquisition directe de la force publique, qui ne leur a pas été attribué.

Lorsqu'ils croient nécessaire de réclamer, pour la répression des délits, le concours de la force publique, ils sont obligés de s'adresser au maire ou à l'adjoint.

Les procès-verbaux dressés par les gardes des bois des particuliers seront, dans le délai d'un mois à dater de l'affirmation, remis au procureur ou au juge de paix, suivant leur compétence. (C. for., art. 191.)

La compétence des tribunaux correctionnels ou de ceux de simple police, en ce qui concerne les délits commis dans les bois de particuliers, se détermine d'après la peine encourue. — Comme les gardes ne peuvent savoir exactement les condamnations que leurs procès-verbaux peuvent entraîner, et comme d'ailleurs ils ignorent la suite que les propriétaires des forêts qu'ils surveillent veulent donner à ces actes, ils les transmettront, aussitôt après l'enregistrement, soit au propriétaire lui-même, soit à son régisseur.

Les gardes particuliers n'ont pas qualité pour

signifier les procès-verbaux, citer et assigner les prévenus. — Tous les exploits relatifs à la poursuite des délits commis dans les bois de particuliers sont faits par le ministère des huissiers.

276. **Renvois.** — Toutes les règles indiquées au chapitre II pour la constatation des délits s'appliquent aux procès-verbaux dressés par les gardes particuliers, à l'exception de celles comprises dans les §§ 56 à 59, qui concernent des délits spéciaux aux bois soumis au régime forestier.

277. **Exploitations.** — Les adjudicataires des coupes assises dans les bois de particuliers ne sont pas soumis aux règlements qui régissent les exploitations dans les bois gérés par l'administration des forêts. Aussi toutes les règles examinées dans le chapitre III sont-elles sans application en ce qui concerne le service des gardes particuliers.

La surveillance que ces préposés ont à exercer sur les exploitations consiste à faire exécuter les conventions du marché passé entre l'acquéreur et le propriétaire, marché dont il convient qu'il leur soit donné communication. — Toute infraction aux clauses de la vente doit être portée par le garde à la connaissance du propriétaire ou de son mandataire.

278. Les gardes des bois des particuliers procèdent aux opérations de balivage et d'estimation des coupes de la même manière que les préposés de

l'administration ; ils dirigent, comme ces derniers, les travaux d'amélioration exécutés dans les forêts qu'ils surveillent. Nous renvoyons donc pour ces parties de leur service aux chapitres IX à XI du tome Ier.

Lorsque les exploitations sont faites au compte des propriétaires, elles sont dirigées par les gardes qui surveillent les ouvriers, dressent les états d'émargement et le plus souvent procèdent à la vente des produits façonnés, quand elle se fait au détail.

Les gardes remplissent alors les mêmes fonctions que les gardes-vente ; ils doivent comme eux tenir le compte exact des journées employées à l'exploitation des produits façonnés et des prix de vente. Il n'est pas de meilleur enseignement pour un forestier que celui qu'il acquiert en dirigeant lui-même l'exploitation des coupes, parce qu'il se rend ainsi compte de tous les détails de l'opération et qu'il en voit les résultats au point de vue financier et forestier.

279. **Chasse.** — Les gardes particuliers n'étant pas, comme ceux de l'administration, rangés dans la catégorie des personnes à qui il ne peut être délivré de permis de chasse, peuvent chasser dans les bois confiés à leur surveillance, s'ils y sont autorisés par le propriétaire, et si d'ailleurs ils ont obtenu un permis.

Cette faculté ne nuit pas à leurs fonctions de surveillance, puisqu'ils peuvent les exercer en parcourant leur triage ; mais elle conduit souvent les gardes à négliger tous leurs autres devoirs pour s'occuper exclusivement de chasser. C'est un écueil qu'un bon garde doit éviter. La chasse, qu'un forestier doit connaître, n'est pour lui qu'un accessoire de son service. Son fusil doit servir à détruire les animaux nuisibles et à empêcher la trop grande multiplication du gibier ; mais il ne faut pas qu'il devienne un instrument de dévastation.

Quand le propriétaire vient visiter ses bois, il est bon qu'on puisse lui indiquer les cantons où le gibier est abondant (un coup de fusil heureux est ordinairement suivi d'une bonne gratification) ; pour cela il faut que les gardes connaissent les habitudes des animaux sauvages, qu'ils favorisent leur reproduction, et qu'ils écartent avec soin les braconniers et surtout les colleteurs. Nous avons indiqué au chapitre IV les règles qui servent à guider les préposés de l'administration dans cette partie de leur service ; elles peuvent d'autant mieux s'appliquer aux gardes particuliers que ces derniers, ayant la facilité de chasser, portent plus d'intérêt à tout ce qui touche à la chasse et sont plus à même d'y consacrer leur attention.

280. **Instruction professionnelle.** — La plupart

des gardes particuliers se contentent de faire, dans les forêts confiées à leur vigilance, des tournées pour la répression des délits; mais il en est fort peu qui s'occupent de la culture et de l'exploitation des bois; ils sont gardes dans la stricte acception du mot, mais ils ne sont pas forestiers. Il serait fort à désirer que ces préposés, aussi bien que les propriétaires qui les emploient, comprissent toute l'utilité d'une instruction professionnelle qui les mettrait en état de diriger les exploitations et d'éviter des fautes trop communes, causes de si grands dommages pour les forêts. Il n'est pas rare, en effet, de voir les bois des particuliers soumis, par suite de l'ignorance complète des propriétaires et de leurs gardes, à des exploitations désastreuses. Dans les uns, on coupe des taillis en pleine croissance; il serait lucratif de les laisser sur pied quelques années, mais on ne sait pas se rendre compte de cet avantage; dans d'autres, on réserve des baliveaux sans avenir et trop peu nombreux, tandis qu'ailleurs on laisse le taillis dominé par une réserve surabondante qui arrête sa croissance.

Dans certaines contrées on a appliqué à des forêts de chêne le furetage réglé, mode de traitement que cette essence supporte mal, et l'on a ainsi ruiné des peuplements très précieux. Dans d'autres, on laisse écorcer les chênes sur pied. Partout l'élagage des arbres de bordure et d'avenues est fait à tort et à travers par les fermiers qui profitent du bois; on ôte ainsi toute valeur aux troncs qui pourraient être utilisés plus tard comme bois de charpente, si ces élagages étaient bien faits. Enfin les repeuplements artificiels, les assainissements sont négligés, et quand les propriétaires veulent entreprendre quelques travaux de cette espèce, ils leur reviennent fort cher, faute par ceux qui les font exécuter de connaître les moyens économiques employés dans d'autres pays. Tout cela n'arriverait pas si les gardes connaissaient un peu leur métier, et il leur serait facile d'y parvenir par l'étude des traités élémentaires de sylviculture, et surtout, quand cela est possible, par la fréquentation des cours faits à l'École pratique créée aux Barres par un décret du 14 janvier 1888.

Le programme de ces cours, qui ont lieu chaque année, comprend toutes les connaissances techniques nécessaires à un garde. Les conditions d'admission et le règlement de cette école ont été fixés par un arrêté ministériel en date du 15 janvier 1888, dont le texte est reproduit dans les Annexes de ce volume.

Nous ne saurions trop engager les grands propriétaires de forêts à faciliter à leurs gardes l'accès de cet enseignement, le seul qui existe en France pour les éléments de l'art forestier.

281. **Gardes-Chasse.** — Les fermiers de la chasse dans les bois de l'État peuvent, avec l'autorisation du conservateur, instituer des gardes particuliers de la chasse dans leurs lots respectifs. (Cah. des charges, art. 26.)

282. **Nomination.** — Le fermier principal a seul qualité pour nommer ces gardes-chasse, qui doivent être acceptés par le conservateur.

Le garde-chasse nommé par le fermier, accepté par le conservateur, doit en outre être agréé par le sous-préfet.

La nomination et la prestation du serment de ces gardes-chasse spéciaux sont soumises aux règles indiquées aux §§ 269-270.

283. **Révocation.** — Le conservateur a le droit d'exiger le renvoi de ceux de ces gardes-chasse qui compromettent ou entravent le service des forêts. (Cah. des charges, art. 26.)

Ce droit est absolu. Le conservateur n'a pas à justifier des motifs qui le déterminent à exiger le renvoi d'un garde-chasse. Le garde-chasse qui tire un lapin lorsqu'une invitation de le renvoyer a été adressée par le conservateur au locataire commet un délit de chasse.

284. **Permis de Chasse.** — Les gardes-chasse particuliers sont autorisés à porter des armes à feu; ils peuvent chasser s'ils sont munis d'un permis et

ils peuvent même chasser isolément et hors de la présence du fermier s'ils y sont autorisés par lui. (Cah. des charges, art. 26.)

285. **Uniforme.** — Il est interdit aux gardes-chasse nommés par les fermiers de la chasse des bois de l'Etat de porter un uniforme qui puisse être confondu avec celui des préposés forestiers. (*Id.*)

286. **Renvoi.** — Ces gardes-chasse reçoivent, par le fait de leur nomination et de la prestation de serment, la caractère d'officier de police judiciaire, comme les gardes particuliers nommés par les propriétaires. Ils jouissent comme eux du privilège de juridiction (voir § 233) et leur sont entièrement assimilés pour tout ce qui concerne la constatation des délits.

287. **Gardes-Vente.** — Chaque adjudicataire est tenu d'avoir un facteur ou garde-vente agréé par l'agent forestier local et assermenté devant le juge de paix. (C. for., art. 31.)

Ce garde-vente ne pourra être parent ou allié du garde de triage ni des agents de la localité.

288. **Nomination.** — La nomination du facteur doit être faite sur papier timbré et enregistrée au prix de 3 fr. 75, décimes compris. Cet acte est présenté à l'agent forestier chef de service, qui y inscrit son visa. Cet agent peut refuser d'agréer le facteur

désigné par l'adjudicataire. Ce dernier n'a dans ce cas aucun recours contre cette décision.

289. **Serment.** — Le facteur agréé se présente devant le juge de paix, qui reçoit son serment. L'accomplissement de cette formalité est mentionné sur l'acte de nomination. Les frais de prestation de ce serment s'élèvent à 2 fr. 73. Comme les greffiers réclament quelquefois des frais qui ne sont pas dus, nous avons cru devoir donner, dans une note insérée sous le nº 33 de l'appendice, le détail des droits à payer tant pour la prestation de serment que pour le dépôt de l'empreinte du marteau.

290. **Compétence.** — Le garde-vente est autorisé à dresser des procès-verbaux, tant dans les ventes qu'à l'ouïe de la cognée. — Ses procès-verbaux sont soumis aux mêmes formalités que ceux des gardes forestiers et font foi jusqu'à preuve contraire. (C. fort., art. 31.)

Les adjudicataires seront responsables de tout délit forestier commis dans leur vente et à l'ouïe de la cognée, si leurs facteurs ou gardes-vente n'en font leurs rapports, lesquels doivent être remis à l'agent forestier dans le délai de cinq jours. (C. for., art. 45.)

291. **Procès-Verbaux.** — Les procès-verbaux dressés par les facteurs doivent être réguliers et probants, c'est-à-dire qu'ils doivent réunir toutes les

conditions de validité indiquées au chapitre Ier.

Un procès-verbal incomplet ou annulé pour vice de forme ne ferait pas cesser la responsabilité de l'adjudicataire. — Un procès-verbal régulier dressé par un facteur ne fait pas cesser cette responsabilité s'il ne désigne pas l'auteur du délit, ou s'il ne justifie pas des démarches et diligences faites pour le découvrir.

La dénonciation du délit faite par l'adjudicataire lui-même ou par son facteur aux préposés et agents forestiers ne décharge pas l'adjudicataire de la responsabilité.

Cette responsabilité subsiste même quand le délit a été constaté par un procès-verbal dressé par un garde forestier.

Le garde-vente n'a donc pas à se préoccuper de savoir si les agents ou préposés de l'administration des forêts ont eu connaissance des délits commis dans les ventes ou à l'ouïe de la cognée ; ils doivent d'abord constater eux-mêmes ces délits, qui, à défaut de cette constatation, sont mis à la charge de l'adjudicataire.

Pour que ce dernier soit mis à couvert, il est indispensable que, dans les cinq jours qui suivent le délit, son garde-vente l'ait constaté par un procès-verbal régulier, affirmé, enregistré et remis au chef de cantonnement.

Ce délai de cinq jours court à partir du jour où le délit a été commis, et non de celui où il a été constaté.

292. Nous avons indiqué au chapitre III les contraventions auxquelles l'exploitation des coupes peut donner lieu ; les facteurs, en lisant avec attention ce chapitre et les cahiers des charges relatifs aux adjudications, se rendront aisément compte de l'importance qu'ils doivent mettre à surveiller non seulement les délinquants, mais encore plus rigoureusement les ouvriers.

Ces derniers, par la négligence qu'ils apportent à leur travail, occasionnent souvent des poursuites qui retombent sur les adjudicataires, et les facteurs qui sont leurs représentants doivent chercher par tous les moyens à leur éviter les peines rigoureuses qu'ils encourent ; pour cela, ils renverront des chantiers les ouvriers maladroits, négligents ou paresseux ; ils veilleront à ce qu'ils ne détournent pas des bois pour les enlever en fraude, à ce qu'ils n'allument pas de feux sur des points non désignés, et à ce qu'ils prennent toutes les précautions possibles pour éviter les incendies.

Les fonctions de facteurs ne se réduisent pas à celles de surveillants de coupes. Ils sont encore chargés de la direction des exploitations, du règlement des salaires des ouvriers, de la délivrance et même souvent de la vente des bois exploités.

Ils doivent donc se tenir au courant des prix des bois et des diverses marchandises qu'on en tire, et de la solvabilité des gens qui viennent chercher directement leur approvisionnement dans les coupes.

293. **Vérification des Réserves.** — C'est au garde-vente à faire procéder à la vérification des réserves aussitôt après l'adjudication et à signaler, avant que l'adjudicataire prenne le permis d'exploiter, les erreurs qui ont pu être commises au martelage.

294. **Demandes de Harts. — Places à Fourneaux.** — Pendant la durée des exploitations, les facteurs font, au nom des adjudicataires qu'ils représentent, les demandes en délivrance de harts (voy. formule n° 39), celles de désignation des places à fourneaux, loges et ateliers. Ces demandes sont adressées au chef de cantonnement.

295. **Délais d'Exploitation et de Vidange.** — Les demandes en désignation de chemins de vidange, celles de prorogation de délais d'exploitation et de vidange, sont adressées au conservateur. Elles peuvent être remises aux agents locaux ; ceux-ci les transmettent avec leur avis au conservateur, qui seul a le droit d'accorder des délais ou de désigner des chemins autres que ceux portés sur l'affiche.

Toutes ces demandes devront être rédigées sur timbre. L'objet en sera indiqué aussi brièvement que possible. Les demandes en prorogation de délai ferontconnaître l'étendue des bois restant à exploiter, ou les quantités et qualités des bois existant sur le parterre de la coupe, les causes du retard dans l'exploitation ou la vidange et le délai qu'il sera nécessaire d'accorder. — Ces demandes doivent être formées vingt jours avant l'expiration des délais fixés par le cahier des charges.

296. Les gardes-vente préparent les récolements en faisant ceindre les arbres de réserve d'un lien de paille; ils assistent à ces opérations, mais ils ne sont appelés à signer les procès-verbaux que s'ils sont munis d'un pouvoir régulier de l'adjudicataire.

297. **Registre de Vente.** — Le garde-vente tiendra un registre sur papier timbré, coté et paraphé par l'agent forestier ; il y inscrira jour par jour, et sans lacune, la mesure et la quantité des bois qu'il aura débités et vendus, ainsi que les noms des personnes auxquelles il les aura livrés.

Il sera tenu, toutes les fois qu'il en sera requis, de représenter ce registre aux agents forestiers pour être visé et arrêté par eux. (Cahier des charges.)

Le registre que les adjudicataires soumettent au visa de l'inspecteur se réduit le plus souvent à deux feuilles de papier timbré, sur lesquelles le facteur inscrit pour la forme quelques marchés. D'autres registres plus sérieux sont tenus par les marchands de bois, qui ne se soucient pas de faire connaître aux agents forestiers le résultat de leurs exploitations dans la crainte de voir plus tard élever les estimations.

Cette défiance n'est pas fondée. L'examen du registre n'apprendrait aux agents rien qu'ils ne sachent sur l'estimation des coupes ; ils ne pourraient d'ailleurs tirer aucun renseignement d'un livre où les frais généraux du commerçant, ceux d'exploitation et de façonnage ne figurent pas.

Le registre des ventes sert à constater l'origine des bois qui proviennent d'exploitations régulières. Il est donc important qu'il soit exactement tenu. C'est d'ailleurs pour le marchand de bois un moyen de vérifier les opérations de son facteur, et il est de son intérêt d'exiger qu'il soit employé.

298. **Permis d'exploiter.** — Les facteurs étant souvent chargés par les adjudicataires d'accomplir les formalités nécessaires pour obtenir leur permis d'exploiter, nous avons indiqué ces formalités et les frais qu'elles entraînent dans une note qui porte le numéro 33 des annexes de ce volume.

ANNEXES

27e CONSERVATION.

—

DÉPARTEMENT de l'Hérault.

—

ARRONDIS. COMMUNAL de Saint-Pons.

—

INSPECTION de Montpellier.

—

CANTONNEMENT de Saint-Pons.

—

Coupe de bois de plus de 2 décim. — Flagrant délit. — Complicité.

—

NOTA. *Copier sur le registre du garde. Inscrire le numéro de la feuille sur laquelle cette copie est faite. Affirmer au plus tard le lendemain de la clôture de l'acte. Faire enregistrer.*

EXEMPLE N° 1

—

Direction générale des Forêts.

L'an mil huit cent cinquante-trois, le le douze du mois de mars.

Nous soussigné N..., garde forestier à la résidence de Saint-Pons, assermenté et revêtu des marques distinctives de nos fonctions, certifions que, faisant notre tournée vers sept heures du matin, dans la forêt de Sérignan appartenant à l'Etat, au canton appelé la Haute-Sagne, sis au territoire de la commune de Saint-Pons, et dont le bois est âgé de 18 ans.

Nous avons aperçu un individu qui coupait à l'aide d'une hache des brins que deux autres personnes étaient occupées à façonner en billes. Nous étant approché, nous avons reconnu les nommés Tarbouriech, Jean, ouvrier tisseur ; Lartigue, François, fils mineur de Fulcrand, demeurant chez son père, et Jeanne Vergne, fille majeure, tous les trois demeurant à Saint-Pons. Nous avons mesuré les arbres ainsi exploités, qui sont au nombre de cinq, tous essence chêne, dont trois de 3 décimètres et deux de 4 décimètres de tour, mesure prise sur les souches, les bois étant déjà façonnés et refendus. Lesdits arbres étaient verts et sains ; leur valeur est de 4 fr. 50 c. Nous avons évalué à 20 fr. le dommage causé par l'abatage desdits bois. Nous avons saisi la hache du sieur Tarbouriech et les bois coupés en délit, que nous avons marqués de notre marteau particulier et laissés sur place.

En foi de quoi nous avons rédigé le présent procès-verbal que nous avons clos à Saint-Pons, le treize mars mil huit cent cinquante-trois.

Signature du garde.

AFFIRMATION.

—

Par-devant nous, juge de paix du canton de Saint-Pons, a comparu le sieur N..., garde forestier dénommé au rapport qui précède, lequel l'a affirmé, par serment, sincère et véritable, et a signé avec nous.

A Saint-Pons, le treize mars mil huit cent cinquante-trois.

Signat. du juge de paix. Signat. du garde

SIGNIFICATION et ASSIGNATION.

Enregistré à le mil huit cent cinquante- au droit de à recouvrer.

L'an mil huit cent cinquante-trois, le vingt du mois d'avril, à la requête de l'administration des forêts, poursuites et diligences de M. l'inspecteur des forêts à la résidence de Montpellier, lequel fait élection de domicile à Saint-Pons.

Nous soussigné N..., garde forestier, demeurant commune de Saint-Pons, assermenté et revêtu des marques distinctives de nos fonctions, ai signifié le procès-verbal d'autre part à

1° Tabouriech, Jean, demeurant à Saint-Pons, en son domicile, parlant à sa personne;

2° Lartigue, François, demeurant à Saint-Pons, en son domicile, parlant à Madeleine Chassin, sa mère;

3° Lartigue, Fulcrand, demeurant à Saint-Pons, en son domicile, parlant à sa femme;

4° Jeanne Vergne, demeurant à Saint-Pons, en son domicile, parlant à sa tante, ainsi déclarée.

ETAT DES FRAIS.

—

Timbre. { du pr.-verb. / de la copie.

Enregist. { du pr.-verb. / de la citat.

Avec assignation à comparaître le quinze mai mil huit cent cinquante-trois, à onze heures du matin, et jours suivants, s'il y a lieu, par-devant le tribunal correctionnel séant à Saint-Pons, pour s'y voir condamner aux peines portées par la loi; et, afin qu'ils n'en ignorent, j'ai, aux susnommés,

Ecrit.	Original de la citation.	parlant comme dessus, laissé copie tant dudit procès-verbal et de l'acte d'affirmation que du présent exploit, dont le coût est de
	Cop. de l'ex.	
	Rôles non compris le 1er.	dont acte
Myriam. parcourus. .		Signature du garde.
TOTAL.		

16e CONSERVATION.

—

DÉPARTEMENT
de la Meuse

—

ARRONDIS. COMMUNAL
de Montmédy.

—

INSPECTION
de Montmédy.

—

CANTONNEMENT
de Spincourt.

—

Coupe et enlèvement d'arbres de plus de 2 décim. — Visite domiciliaire. — Saisie. — Séquestre.

—

EXEMPLE N° 2

—

Direction générale des Forêts.

L'an mil huit cent cinquante-cinq, le dix du même mois de mars,

Nous soussignés M..., brigadier des forêts à la résidence de Senon, et N..., garde forestier à la résidence de Loison, assermentés et revêtus des marques distinctives de nos fonctions, certifions que, faisant notre tournée, vers onze heures du matin, dans la forêt de Senon, appartenant à la commune de Senon, au canton appelé la Réserve, sis au territoire de la commune de Senon, et dont le bois est âgé de quarante ans,

Nous avons reconnu qu'il avait été récemment coupé à la scie et enlevé un chêne vif de cinquante centimètres de tour, mesure prise sur la souche. Les traces de l'enlèvement se dirigeaient vers le chemin de Senon ; nous avons constaté que ledit arbre avait été traîné jusqu'au bord dudit chemin et avait été chargé sur une voiture dont les roues avaient laissé leur empreinte sur le bord du fossé. Convaincus que cet arbre avait dû être transporté au village de Senon, nous avons requis M. le maire de cette commune de nous accompagner dans une visite domiciliaire à laquelle nous avons procédé ledit jour en sa présence.

Nos perquisitions ont donné les résultats suivants :

Dans un hangar dépendant de la maison du sieur Sallier, François, cultivateur audit Senon, nous avons trouvé, caché, dans un tas de paille, un chêne de cinquante centimètres, mesure prise sur la découpe. Cet arbre, fraîchement coupé à l'aide d'une scie, présentait la même couleur et la même forme que la souche trouvée en forêt

Nota. Inscrire le numéro du registre du brigadier. Faire deux expéditions du procès-verbal, en remettre une au séquestre; la deuxième, revêtue de la signature du séquestre, sera remise dans les 24 heures au greffe de la justice de paix, en même temps que l'on affirmera le procès-verbal. La mention de l'affirmation doit être mise sur cette dernière expédition.

Faire enregistrer.

Les morceaux d'écorce que nous avons pris sur la souche, comparés à l'écorce de l'arbre enlevé, ont présenté les mêmes nuances et signes caractéristiques. Ainsi, les crevasses des morceaux d'écorce pris sur la souche se retrouvaient, avec leur forme et direction, sur l'écorce de l'arbre enlevé. Une gerçure ancienne, que nous avons remarquée sur la souche, se reproduisait dans la même direction sur l'arbre trouvé chez le sieur Sallier.

Nous avons invité ledit Sallier à assister au rapatronage, ce à quoi il s'est refusé. Interpellé sur l'origine de cet arbre, il nous a déclaré l'avoir acheté d'une personne dont il n'a pu nous dire le nom. La valeur de l'arbre abattu est de 6 fr. — Nous avons estimé à 10 fr. le dommage occasionné par ce délit.

Ayant reconnu au moyen du rapatronage opéré à l'aide des morceaux détachés de la souche, que l'arbre trouvé chez le sieur Sallier était celui dont nous avions suivi la trace, nous avons marqué de notre marteau les deux extrémités dudit arbre et l'avons saisi et fait transporter chez le sieur Michel, secrétaire de la mairie, que nous avons déclaré séquestre et qui s'est engagé à le représenter à toute réquisition légale. Nous lui avons remis copie du présent procès-verbal, qu'il a signé avec nous.

Fait et clos à Senon, les jour, mois et an que dessus, à deux heures du soir.

Sign. du maire.

Sign. du séquestre. Sign. des gardes.

AFFIRMATION.

—

Par-devant nous, maire de la commune de Senon, ont comparu les sieurs M..., brigadier des forêts, et N..., garde forestier, dénommés au rapport qui précède, lesquels, après que lecture leur en a été par nous faite, l'ont affirmé, par serment, sincère et véritable et ont signé avec nous.

A Senon, le onze mars mil huit cent cinquante-cinq, à neuf heures du matin.

Signat. du maire. Signat. des gardes.

SIGNIFICATION et ASSIGNATION

—

L'an mil huit cent cinquante-cinq, le quinze du mois d'avril, à la requête de l'administration des forêts, poursuites et diligences de M. l'inspecteur des forêts à la résidence de Montmédy, lequel fait élection de domicile à Montmédy,

Nous soussigné N..., brigadier forestier, demeurant commune de Senon, assermenté et revêtu des marques distinctives de nos fonctions, ai signifié le procès-verbal d'autre part à

1° Sallier, François, demeurant à Senon, en son domicile, parlant à Nicolas Maupin, son voisin, n'ayant trouvé personne au domicile de la partie;

Avec assignation à comparaître le premier mai mil huit cent cinquante-cinq, à onze heures du matin, et jours suivants, s'il y a lieu, par-devant le tribunal correctionnel séant à Montmédy, pour s'y voir condamner aux peines portées par la loi; afin qu'il n'en ignore, j'ai au susnommé, parlant comme dessus, laissé copie tant dudit procès-verbal et de l'acte d'affirmation que du présent exploit, dont le coût est de dont acte.

Signature du garde. Signature du voisin.

16e CONSERVATION.

—

INSPECTION
de Montmédy.

—

CANTONNEMENT
de Spincourt.

—

BRIGADE
de Senon.

EXEMPLE No 2bis

—

Direction générale des Forêts.

BULLETIN DE RENSEIGNEMENTS
sur le sieur Sallier (François), âgé d'environ 30 ans, demeurant à Senon,
contre lequel il a été verbalisé à la date du dix mars 1865
par le sieur N..., brigadier forestier, et N..., garde forestier, suivant procès-verbal no

Charges de famille.	Trois jeunes enfants, et sa mère qui est infirme.
Position de fortune.	Possède une maison et un champ, le tout estimé 6,000 francs.
Est-ce un délinquant d'habitude? Est-il en état de récidive?	Il n'est pas délinquant d'habitude et n'est pas en récidive.
Le délinquant a-t-il été soumis ou s'est-il montré récalcitrant lorsqu'on lui a déclaré procès-verbal?	Il s'est montré récalcitrant lorsqu'on lui a déclaré procès-verbal.
Réputation du délinquant comme homme privé dans le pays qu'il habite.	Il passe pour un honnête père de famille.
Valeur des objets enlevés.	Six francs.
Nature et valeur de l'instrument saisi.	Néant.
Estimation du dommage réel causé.	Dix francs.
Renseignements divers.	Le prévenu demande à transiger.

Le 10 Mars 1855.

Le Brigadier forestier.
(Signature du brigadier.)

27e CONSERVATION.

—

DÉPARTEMENT
de l'Hérault.

—

ARRONDISS. COMMUNAL
de Saint-Pons.

—

INSPECTION
de Montpellier

—

CANTONNEMENT
de Saint-Pons.

—

Coupe et enlèvement de bois de moins de 2 décim. — Saisie non effectuée d'instruments de délit.

—

EXEMPLE N° 3

Direction générale des Forêts.

L'an mil huit cent soixante-cinq, le trois du mois de mars,

Nous soussigné N..., garde forestier à la résidence de la Salvetat, assermenté et revêtu des marques distinctives de nos fonctions, certifions que, faisant notre tournée vers sept heures du matin, dans la forêt du Devez, appartenant à l'Etat, au canton appelé Travers-des-Faus, sis au territoire de la commune de la Salvetat, et dont le bois est âgé de onze ans,

Nous avons rencontré les sieurs Goutines, Joseph, cultivateur, célibataire, demeurant chez Jean Goutines, son père, fermier aux Esclàts, et Parrot, Nicolas, domestique dudit Jean Goutines, lesquels avaient coupé à la serpe et emportaient chacun une charge à dos de brins verts, de moins de 2 décimètres de tour, essence chêne et hêtre. La valeur desdites charges est de 1 fr. l'une; le dommage causé au peuplement est de 6 fr. Nous avons requis les sieurs Goutines et Parrot de nous faire la remise des serpes dont ils étaient porteurs, ce à quoi ils se sont refusés. Nous leur avons déclaré la saisie desdits instruments évalués à 3 fr. l'un, ainsi que du bois dont ils sont demeurés en possession.

Fait et clos à la Salvetat, le trois mars mil huit cent soixante-cinq.

SIGNIFICATION et ASSIGNATION.

L'an mil huit cent soixante-cinq, le huit du mois de mai, à la requête de l'Administration des forêts, poursuites et diligences de M. l'inspecteur des forêts à la résidence de Montpellier, lequel fait élection de domicile à Saint-Pons,

Je soussigné N..., garde forestier, demeurant commune de la Salvetat, assermenté et revêtu des marques distinctives de nos fonctions, ai signifié le procès-verbal d'autre part, à

1° Goutines, Joseph, cultivateur, demeurant à la ferme des Esclats (la Salvetat), en son domicile, parlant à son valet de ferme, ainsi déclaré;

2° Goutines, Jean, fermier, demeurant aux Esclats (commune de la Salvetat), en son domicile, parlant à son valet de ferme, ainsi déclaré;

3° Parrot, Nicolas, cultivateur, demeurant à la Salvetat, en son domicile, parlant à M. le maire de la Salvetat, n'ayant trouvé personne au domicile de la partie et aucun voisin n'ayant voulu recevoir la copie,

Avec assignation à comparaître le

heure du et jours suivants, s'il y a lieu, par devant le tribunal correctionnel séant à , pour s'y voir condamner aux peines portées par la loi; et, afin qu'ils n'en ignorent, j'ai, aux susnommés, parlant comme dessus, laissé copie tant dudit procès-verbal et de l'acte d'affirmation que du présent exploit, dont le coût est de

dont acte.

Signature du garde. Signat. du maire.

EXEMPLE N° 4

5e CONSERVATION

—

DÉPARTEMENT des Ardennes.

—

ARRONDISS. COMMUNAL de Sedan.

—

INSPECTION de Sedan.

—

1er CANTONNEMENT de Sedan.

—

Mutilation. — Récidive.

—

Direction générale des Forêts.

L'an mil huit cent soixante-deux, le six du mois d'avril,

Nous soussigné N..., garde forestier à la résidence du Montdieu, assermenté et revêtu des marques distinctives de nos fonctions, certifions que, faisant notre tournée vers six heures du matin, dans la forêt du Montdieu, appartenant à l'Etat, au canton appelé les Grandes-Mollières, sis au territoire de la commune du Montdieu, et dont le bois est âgé de cinquante ans,

Nous avons trouvé le sieur Martin Lauty, ouvrier tisseur, demeurant à Tannay, lequel était occupé à mutiler un pin vif de 1m,20 de circonférence, mesure prise à un mètre du sol, pour en extraire du bois gras; l'entaille faite à l'aide d'une hache atteint le cœur de l'arbre et entraînera sa perte. Nous avons saisi l'instrument du délit et le bois gras déjà extrait, dont la valeur est de 1 fr.

Le sieur Lauty, Martin, est en récidive, ayant été condamné par suite du procès-verbal dressé par nous le 4 janvier dernier, n°...

Fait et clos au Montdieu, le sept avril mil huit cent soixante-deux.

Signature du garde.

6e CONSERVATION

—

DÉPARTEMENT
de la Meuse.

—

ARRONDISS. COMMUNAL
de Montmédy.

—

INSPECTION
de Montmédy.

—

CANTONNEMENT
de Spincourt.

—

Enlèvement de faines.

—

EXEMPLE No 5

—

Direction générale des Forêts.

L'an mil huit cent cinquante-cinq, le douze du mois de novembre,

Nous soussigné N..., garde forestier à la résidence d'Arrancy, assermenté et revêtu des marques distinctives de nos fonctions, certifions que, faisant notre tournée vers sept heures du matin, dans la forêt d'Arrancy, appartenant à l'Etat et à la commune, au canton appelé la Réserve, sis au territoire de la commune d'Arrancy, et dont le bois est âgé de soixante-dix ans,

Nous avons rencontré Jeanne Sardoux, fille mineure de François, journalier à Longuyon, qui ramassait et avait ramassé dans une hotte une charge de faînes, dont nous estimons la valeur à 1 fr. Nous avons saisi et répandu sur le sol les faînes ainsi enlevées, et avons rédigé le présent procès-verbal que nous avons clos à Arrancy, les our, mois et an que dessus.

Signature du garde.

6e CONSERVATION

—

DÉPARTEMENT
de la Marne.

—

ARRONDISS. COMMUNAL
d'Epernay.

—

INSPECTION
d'Epernay.

—

CANTONNEMENT
de Cézanne.

—

Enlèvement de feuilles mortes. — Complicité. — Saisie. — Séquestre.

—

EXEMPLE N° 6

—

Direction générale des Forêts.

L'an mil huit cent soixante-cinq, le dix du mois de mars,

Nous soussigné N..., garde forestier à la résidence de l'Étoile, assermenté et revêtu des marques distinctives de nos fonctions, certifions que, faisant notre tournée, vers quatre heures du soir, dans la forêt de Traconne appartenant à l'Etat, au canton appelé les Cercliers, sis au territoire de la commune de Bricon, et dont le bois est âgé de quarante ans,

Nous avons rencontré les nommés Lauth, Jacques, journalier; Metzinger, François, fils mineur de Jacques; Frantz Mosenmann, ouvrier cardeur, et Fritz Keller, fils mineur de Christine Keller, demeurant chez sa mère; tous domiciliés à Barbonne, lesquels étaient occupés à ramasser avec des rateaux et à charger sur une voiture attelée d'un cheval des feuilles mortes, propres à faire de la litière.

Nous avons reconnu la voiture et le cheval pour appartenir au sieur Jacques Metzinger, et nous les avons saisis, ainsi que le chargement des feuilles mortes, dont la valeur est de 5 fr.

Nous en avons constitué séquestre le sieur Nicolas, aubergiste à Barbonne. Le cheval saisi est sous poil bai et marqué de balzanes aux jambes de devant; la voiture est une charrette ordinaire en assez bon état; le harnachement est vieux et usé. Ledit sieur Nicolas ayant accepté le dépôt de ces divers objets et s'étant engagé à les représenter à toutes réquisitions, nous lui avons délivré copie du présent acte, qu'il a signé avec nous.

Fait et clos à la maison forestière de l'Etoile, le dix mars mil huit cent soixante-cinq, à sept heures du soir. Sign. du séquestre. Sign. du garde.

3e CONSERVATION.

DÉPARTEMENT de la Côte-d'Or.

ARRONDISS. COMMUNAL de Semur.

INSPECTION de Semur.

CANTONNEMENT de Montbard.

Extraction et enlèvement de pierres. — Voiture à deux chevaux.

EXEMPLE N° 7

Direction générale des Forêts.

L'an mil huit cent cinquante-trois, le six du mois de juin,

Nous soussigné N..., garde forestier à la résidence de Flavigny, assermenté et revêtu des marques distinctives de nos fonctions, certifions que, faisant notre tournée vers huit heures du matin dans la forêt de Flavigny, appartenant à l'Etat, au canton appelé la Grande-Tranchée, sis au territoire de la commune de Flavigny, et dont le bois est âgé de dix-huit ans,

Nous avons trouvé le sieur Regnat, Pierre, domestique du sieur Reveilhon, Joseph, propriétaire, demeurant à Flavigny, lequel chargeait de pierres extraites du sol forestier une voiture attelée de deux chevaux; le sieur Regnat, interrogé, nous a déclaré qu'il avait été envoyé par son maître pour extraire de la pierre de la carrière voisine, mais que, l'ayant trouvée obstruée, il avait cru pouvoir faire son chargement dans la carrière de la forêt. Nous avons estimé à 2 fr. la valeur des pierres enlevées; le dommage causé au sol forestier est de 3 fr.

Vu la solvabilité notoire dudit Regnat, nous nous sommes abstenu de saisir la voiture, les chevaux et le chargement.

Fait et clos à Flavigny, les jour, mois et an que dessus.

16e CONSERVATION

—

DÉPARTEMENT de la Meuse.

—

ARRONDISS. COMMUNAL de Montmédy.

—

INSPECTION de Montmédy.

—

CANTONNEMENT de Spincourt.

—

Faux chemins. — Bois de moins de dix ans.

—

EXEMPLE N° 8.

—

Direction générale des Forêts.

L'an mil huit cent cinquante-deux, le trois du mois de novembre,

Nous soussigné N..., garde forestier à la résidence de la maison forestière du Haut-Fourneau, assermenté et revêtu des marques distinctives de nos fonctions, certifions que, faisant notre tournée vers sept heures du matin, dans la forêt de Mangiennes, appartenant à l'État, au canton appelé la Queue-de-l'Etang, sis au territoire de la commune de Billy, et dont le bois est âgé de trois ans,

Nous avons trouvé le sieur Chassing, Nicolas, meunier à Billy, conduisant à travers la coupe de l'exercice 1848 une voiture attelée d'un cheval ; il avait parcouru dans les jeunes taillis une longueur de cent cinquante mètres et endommagé un grand nombre de jeunes pousses. Nous avons évalué à 6 fr. le dommage occasionné au peuplement. Le sieur Chassing nous a déclaré qu'il avait voulu prendre l'ancien chemin de vidange pour raccourcir sa route, mais que, n'ayant pu le retrouver, il cherchait à regagner le grand chemin.

Fait et clos à la Maison forestière, les jour, mois et an que dessus.

16e CONSERVATION

—

DÉPARTEMENT
de la Meuse.

—

ARRONDISS. COMMUNAL
de Montmédy.

—

INSPECTION
de Montmédy.

—

CANTONNEMENT
de Spincourt.

—

Feu à distance prohibée.

—

EXEMPLE N° 9

—

Direction générale des Forêts.

L'an mil huit cent cinquante-deux, le cinq du mois d'avril,

Nous soussigné N..., garde forestier à la résidence de Loison, assermenté et revêtu des marques distinctives de nos fonctions, certifions que, faisant notre tournée vers sept heures du matin, dans la forêt de Hingry, appartenant à l'Etat, au canton appelé Hingry-Sorel, sis au territoire de la commune de Loison, et dont le bois est âgé de huit ans,

Nous avons trouvé les sieurs François, Simon, fils mineur de Pierre, journalier; Jean Mauprat, fils mineur de Jeanne Favier, veuve Mauprat, et Juliette Zarret, fille mineure, domestique du sieur Barthe, Jean; tous domiciliés audit Loison, lesquels avaient allumé et entretenaient avec des bois morts un feu établi à 30 mètres de la forêt. Ces bois, enlevés de la forêt, ainsi qu'il résulte de l'aveu des prévenus et des traces laissées par eux, portaient moins de 2 décimètres de tour; ils ont été évalués à une charge d'homme d'une valeur de 25 c.

Dont procès-verbal clos à Loison, le six avril mil huit cent cinquante-six.

EXEMPLE N° 10

28e CONSERVATION

—

DÉPARTEMENT
de l'Aveyron.

—

ARRONDISS. COMMUNAL
d'Espalion.

—

INSPECTION
de Rodez.

—

CANTONNEMENT
d'Espalion.

—

Refus de secours en cas d'incendie.

—

Direction générale des Forêts.

L'an mil huit cent cinquante-six, le dix du mois de mars,

Nous soussigné N..., garde forestier à la résidence de la maison forestière d'Aubrac, assermenté et revêtu des marques distinctives de nos fonctions, certifions que, faisant notre tournée vers huit heures du soir dans la forêt d'Aubrac, appartenant à l'Etat, au canton appelé Grand-Bois d'Aubrac, sis au territoire de la commune de Saint-Chély, et dont le bois est âgé de trente ans,

Nous avons aperçu un commencement d'incendie qui venait de se déclarer sur le bord du chemin de César. Nous nous sommes immédiatement rendu dans les villages voisins pour obtenir du secours et nous avons requis le sieur..., propriétaire, demeurant aux Enfrux, de venir aider à éteindre l'incendie, ce à quoi il s'est refusé, disant qu'il y aurait bien assez de monde sans lui. Ledit sieur... est usager dans la forêt domaniale.

Nous avons rédigé de son refus le présent procès-verbal, que nous avons clos et signé à la maison forestière d'Aubrac, le onze mars mil huit cent cinquante-six.

3e CONSERVATION.

—

DÉPARTEMENT
de la Côte-d'Or.

—

ARRONDISS. COMMUNAL
de Semur.

—

INSPECTION
de Semur.

—

CANTONNEMENT
de Saulieu.

—

Construction
de baraque.

—

EXEMPLE N° 11

—

Direction générale des Forêts.

L'an mil huit cent cinquante-deux, le trois du mois d'avril,

Nous soussigné N..., garde forestier à la résidence de la maison forestière de Charny, assermenté et revêtu des marques distinctives de nos fonctions, certifions que, faisant notre tournée vers deux heures du soir, au canton appelé la Côte, sis au territoire de la commune de Mont-Saint-Jean,

Nous avons reconnu qu'il venait d'être construit récemment, à la distance de 340 mètres environ de l'extrémité ouest de la forêt domaniale de Charny, une baraque en pierres et planches, située près de la carrière de pierres exploitée par le sieur François N..., carrier, demeurant à Mont-Saint-Jean ; ladite baraque est sise sur un terrain appartenant au sieur Jean Singlet, propriétaire audit Mont-Saint-Jean.

Nous nous sommes transporté à son domicile et, lui ayant demandé si la baraque avait été construite par lui, il nous a été répondu qu'il avait loué le terrain au sieur François N..., et que c'était ce dernier qui avait établi la loge destinée au service de la carrière. Ladite loge est couverte en tuiles et munie d'une fenêtre et d'une porte fermant à clef ; elle est inhabitée et paraît employée seulement à renfermer les outils et les provisions des ouvriers.

Fait et clos à la maison forestière de Charny, les jours, mois et an que dessus.

16e CONSERVATION.

—

DÉPARTEMENT de la Meuse.

—

ARRONDISS. COMMUNAL de Montmédy.

—

INSPECTION de Montmédy.

—

CANTONNEMENT de Spincourt.

—

Chantier non autorisé.

—

EXEMPLE N° 12

—

Direction générale des Forêts.

L'an mil huit cent cinquante-trois, le douze du mois de mars,

Nous soussigné N..., garde forestier à la résidence de Loison, assermenté et revêtu des marques distinctives de nos fonctions, certifions que, faisant notre tournée vers heures du dans la forêt de Sorel, appartenant à l'Etat, au canton appelé Hingry-Sorel, sis au territoire de la commune de Loison, et dont le bois est âgé de...,

Nous avons appris que le sieur Michel Stephan, demeurant au lieu dit Sorel, avait établi dans la maison qu'il tient en location du sieur Bertrand, propriétaire, un atelier à débiter des lattes et du merrain, ladite maison étant située à moins de 100 mètres de la forêt domaniale de Sorel. Nous avons requis M. le maire de la commune de Loison de nous assister dans la visite, et nous étant transporté avec lui audit lieu de Sorel, nous avons constaté qu'il y avait dans la cour intérieure du bâtiment quatre tronces prêtes à être mises en œuvre, tout l'outillage d'un atelier de fabricant de lattes et merrain, coutres, chevalets, etc., enfin une demi-treille ou 720 pièces environ de merrain assorti et façonné. Ayant demandé au sieur Stephan, présent à notre visite, s'il avait l'autorisation d'établir un atelier de fabrication, il nous a répondu qu'il ne croyait pas avoir besoin de permission pour faire façonner les bois qu'il achetait.

Sur quoi nous lui avons déclaré que nous saisissions les bois tant façonnés qu'en grumes, déposés dans ledit atelier, et dont la désignation a été ci-dessus faite ; nous avons apposé l'empreinte de notre marteau sur les quatre tronces et sur les douves supérieures du merrain empilé, et nous avons évalué la valeur totale desdits bois à 160 fr.

En foi de quoi nous avons dressé le présent procès-verbal, que M. le maire, présent à la visite, a signé avec nous.

Fait et clos à Loison, le treize mars mil huit cent cinquante-trois.

Signat. du maire. Signat. du garde.

28e CONSERVATION.

—

DÉPARTEMENT
de la Haute-Loire.

—

ARRONDISS. COMMUNAL
d'Yssingeaux.

—

INSPECTION
du Puy.

—

CANTONNEMENT
du Puy.

—

Introduction de bois non marqués dans une scierie.

—

EXEMPLE N° 13

—

Direction générale des Forêts.

L'an mil huit cent cinquante-trois, le douze du mois de mai,

Nous soussignés M..., brigadier des forêts à la résidence de Chambon, et S..., garde forestier à la résidence de Saint-Voy, assermentés et revêtus des marques distinctives de nos fonctions, *certifions* que, faisant notre tournée vers neuf heures du matin,

Nous avons procédé à la vérification des bois déposés sur le chantier de la scierie dite de Chanlet, située à 1224 mètres des bois communaux de Chambon et exploitée pour le compte du sieur N..., propriétaire audit lieu, par le sieur Pierre Caillé, son préposé. Nous avons reconnu que cinq des tronces gisant dans l'intérieur du chantier n'étaient pas revêtues de l'empreinte de notre marteau, et avaient été introduites sans déclaration préalable.

En foi de quoi nous avons rédigé le présent procès-verbal, que nous avons clos et signé au Chambon, les jour, mois et an que dessus.

27e CONSERVATION.

—

DÉPARTEMENT
de l'Hérault.

—

ARRONDISS. COMMUNAL
de Saint-Pons.

—

INSPECTION
de Montpellier.

—

CANTONNEMENT
de Saint-Pons.

—

Pâturage. — Saisie. — Séquestre.

EXEMPLE N° 14

—

Direction générale des Forêts.

L'an mil huit cent cinquante-six, le dix du mois de mai,

Nous soussigné N..., garde forestier à la résidence de la Salvetat, assermenté et revêtu des marques distinctives de nos fonctions, certifions que, faisant notre tournée, vers sept heures du matin, dans la forêt de Devez, appartenant à l'Etat, au canton appelé les Sagnes, sis au territoire de la commune de la Salvetat, et dont le bois est âgé de six ans,

Nous avons rencontré le sieur François Giraud, fils mineur de Pierre, cultivateur, demeurant à la Salvetat, lequel gardait à bâton planté un troupeau composé de trois moutons, une chèvre et une vache. Ces animaux avaient séjourné longtemps dans le taillis et y avaient occasionné un dommage que nous avons évalué à 10 fr.

Nous avons saisi le troupeau, et l'ayant conduit à la Salvetat, nous l'avons remis sous la garde du sieur Fulcrand Servien, aubergiste dudit lieu, que nous avons désigné comme séquestre. La vache est sous poil roux vif avec une étoile blanche au front; la chèvre est blanche, marquée de noir et dépourvue de cornes; les moutons sont fraîchement tondus et marqués au fer de la lettre M.

Le sieur Servien ayant accepté la garde de ces animaux et s'étant engagé à les représenter à toute réquisition légale, nous lui avons remis copie du présent acte, qu'il a signé avec nous.

Fait et clos à la Salvetat, les jour, mois et an que dessus, à onze heures du matin.
Signat. du séquestre.   Signat. du garde.

28e CONSERVATION.

—

DÉPARTEMENT du Cantal.

—

ARRONDISS. COMMUNAL de Saint-Flour.

—

INSPECTION d'Aurillac.

—

CANTONNEMENT de Saint-Flour.

—

Pâturage.

—

EXEMPLE N° 15

—

Direction générale des Forêts.

L'an mil huit cent cinquante-six, le dix du mois d'août,

Nous soussigné N..., garde forestier à la résidence de Saint-Urcize, assermenté et revêtu des marques distinctives de nos fonctions, certifions que, faisant notre tournée, vers sept heures du matin, dans la forêt de Saint-Urcize, appartenant à cette commune, au canton appelé *Puech-Régio*, sis au territoire de la commune de Saint-Urcize, et dont le bois est âgé de huit ans.

Nous avons trouvé deux vaches pâturant sans gardien. Ces animaux avaient endommagé un grand nombre de cépées qui portent les marques des abroutissements. Nous évaluons à 10 fr. le dommage causé. Le propriétaire de ces vaches nous étant inconnu, nous les avons dirigées vers le village de Saint-Urcize, où nous les avons mises sous la garde du sieur..., aubergiste audit lieu, que nous avons déclaré séquestre, et qui s'est engagé à les représenter à toute réquisition légale ; l'une des vaches est sous poil rouge-brun, l'autre pie-noir et blanc. Le sieur..., invité par nous à signer le présent acte, nous a déclaré ne savoir signer ; nous lui avons remis copie de notre procès-verbal, que nous avons clos à Saint-Urcize, le dix août mil huit cent cinquante-six.

Signature du garde.

24e CONSERVATION.

—

DÉPARTEMENT
des Deux-Sèvres.

—

ARRONDISS. COMMUNAL
de Melle.

—

INSPECTION
de Niort.

—

CANTONNEMENT
de Beauvoir.

—

Introduction de bestiaux dans des cantons en défends.

—

EXEMPLE N° 16

—

Direction générale des Forêts.

L'an mil huit cent cinquante-six, le vingt-cinq du mois de mars,

Nous soussigné N..., garde forestier à la résidence de Lille, assermenté et revêtu des marques distinctives de nos fonctions, certifions que, faisant notre tournée vers sept heures du matin, dans la forêt des Usages, appartenant à la commune d'Availles, au canton appelé Fosse-d'Argent, sis au territoire de la commune d'Availles, et dont le bois est âgé de cinq ans.

Nous avons trouvé le nommé Poirier, Antoine, pâtre de la commune d'Availles, qui gardait à bâton planté dans ledit canton, non déclaré défensable, la quantité de cent vingt bêtes à laine, formant le troupeau commun; nous avons estimé à 15 fr. le dommage causé par le pacage du troupeau.

En foi de quoi nous avons rédigé le présent procès-verbal, que nous avons clos à Lille, le vingt-cinq du mois de mars mil huit cent cinquante-six.

Signature du garde.

28e CONSERVATION

—

DÉPARTEMENT
de la Haute-Loire.

—

ARRONDISS. COMMUNAL
de Brioude.

—

INSPECTION
du Puy.

—

CANTONNEMENT
du Puy.

—

Introduction de bestiaux en nombre excédant celui indiqué par les procès-verbaux de défensabilité.

—

EXEMPLE N° 17

—

Direction générale des Forêts.

L'an mil huit cent cinquante-six, le dix du mois de juillet.

Nous soussigné N..., garde forestier à la résidence de Venteuges, assermenté et revêtu des marques distinctives de nos fonctions, certifions que, faisant notre tournée vers huit heures du matin, dans la forêt de Jalajoux, appartenant à la section de Chazettes, commune de Desges, au canton appelé Jalajoux, sis au territoire de la commune de Desges, et dont le bois est âgé de trente et un ans,

Nous avons trouvé le sieur H..., pâtre communal, gardant à bâton planté un troupeau composé de vingt-quatre têtes de gros bétail, savoir : dix-huit vaches et six taurillons, appartenant aux habitants de la section de Chazettes. Le canton de Jalajoux a été déclaré défensable par arrêté du 18 février 1856, mais pour vingt et une têtes de bétail seulement ; trois animaux y ont donc été introduits en contravention. Nous avons, pour reconnaître les propriétaires des bestiaux en excédant, dressé, d'après les indications du berger, la liste des différents propriétaires avec le nombre des bestiaux envoyés au pâturage par chacun d'eux, et nous étant transporté à la mairie, nous avons comparé cette liste avec celle de répartition des animaux admis au parcours, et nous avons reconnu que le sieur Jost Antoine, cultivateur, demeurant à Chazettes, avait envoyé sept vaches au lieu de quatre, nombre qui lui est assigné.

En foi de quoi nous avons rédigé le présent procès-verbal, que nous avons clos et signé à Venteuges, le onze juillet mil huit cent cinquante-six.

28e CONSERVATION

—

DÉPARTEMENT
du Cantal.

—

ARRONDISS. COMMUNAL
de Murat.

—

INSPECTION
d'Aurillac.

—

CANTONNEMENT
de Murat.

—

Coupe de réserves.

—

EXEMPLE N° 18

—

Direction générale des Forêts.

L'an mil huit cent cinquante-cinq, le douze du mois de mars,

Nous soussigné N..., brigadier forestier à la résidence de Montboudif, assermenté et revêtu des marques distinctives de nos fonctions, certifions que, faisant notre tournée vers onze heures du matin, dans la forêt de Maubert, appartenant à l'État, au canton appelé Bouillas, coupe de l'exercice 1855, 2e lot, sis au territoire de la commune de Condat, et dont le bois est âgé de cent vingt ans,

Nous avons constaté que les ouvriers du sieur N..., marchand de bois, demeurant à..., adjudicataire du 2e lot de la coupe de 1855, avaient abattu dans l'enceinte de ladite coupe, qui est marquée en délivrance, un sapin ne portant pas l'empreinte du marteau de l'Etat; nous avons mesuré cet arbre qui porte 1 m, 60 de circonférence, mesure prise à un mètre du sol, et nous l'avons marqué de notre marteau, ainsi que sa souche; la valeur dudit sapin est de 9 fr.

Fait et clos à Montboudif, les jour, mois et an que dessus.

28e CONSERVATION

DÉPARTEMENT
de l'Aveyron.

ARRONDISS. COMMUNAL
de Saint-Affrique.

INSPECTION
de Rodez.

CANTONNEMENT
de Saint-Affrique.

Outre-passe.

EXEMPLE N° 19

Direction générale des Forêts.

L'an mil huit cent cinquante-six, le douze du mois de mars,

Nous soussignés N..., brigadier, et N..., garde forestier à la résidence de Nouzet et de Camarès, assermentés et revêtus des marques distinctives de nos fonctions, certifions que, faisant notre tournée vers huit heures du matin, dans la forêt de Guiral, appartenant à l'Etat, au canton appelé Guiral, sis au territoire de la commune de Saint-Rome-de-Cernon, et dont le bois est âgé de vingt-cinq ans.

Nous avons reconnu que les ouvriers du sieur N..., adjudicataire du deuxième lot de la coupe de l'exercice de 1855. avaient dépassé la ligne qui sépare à l'ouest ladite coupe d'avec le restant du bois. Ayant relevé de cornier en cornier la ligne d'arpentage, nous avons constaté que les ouvriers ont exploité à 10 mètres en dehors de ladite ligne et qu'ils ont abattu, savoir : deux charmes, dont l'un de 40 et l'autre de 60 centimètres de circonférence; un chêne de 60 centimètres, mesure prise sur les souches, les arbres ayant été réunis à ceux de la vente; plus une quantité de brins de moins de 2 centimètres que nous avons évalués à une charge de voiture à un cheval; les bois ainsi exploités en dehors de la coupe sont de même âge, nature et qualité que ceux de ladite coupe, et nous avons estimé leur valeur, savoir : les deux charmes à 3 fr., le chêne à 2 fr., et les menus bois à 6 fr.

Fait et clos à Nouzet, le treize mars mil huit cent cinquante-six.

16e CONSERVATION

—

DÉPARTEMENT
de la Meuse.

—

ARRONDISS. COMMUNAL
de Montmédy.

—

INSPECTION
de Montmédy.

—

CANTONNEMENT
de Spincourt.

—

Vices d'exploitation

—

EXEMPLE N° 20

—

Direction générale des Forêts.

L'an mil huit cent quatre-vingts, le dix du mois de mars,

Nous soussignés N..., brigadier à Senon, et N..., garde-forestier à la résidence de Billy, assermentés et revêtus des marques distinctives de nos fonctions, certifions que, faisant notre tournée vers dix heures du matin, dans la forêt de Billy, appartenant à la commune de Billy, au canton appelé la Réserve, sis au territoire de la commune de Billy, et dont le bois est âgé de vingt ans,

Nous avons constaté que les ouvriers du sieur L..., adjudicataire de la coupe extraordinaire exploitée pour l'exercice de 1879, abattaient un chêne sans l'avoir préalablement ébranché, et sans le diriger dans sa chute au moyen de cordes, ainsi qu'il est prescrit par les clauses spéciales. Ledit arbre a rompu dans sa chute trois brins de taillis de 20 à 30 centimètres de tour, marqués comme baliveaux ; nous avons évalué le dommage à 6 fr.

Fait et clos à Billy, les jour, mois et an que dessus.

3e CONSERVATION.

—

DÉPARTEMENT
de la Côte-d'Or.

—

ARRONDISS. COMMUNAL
de Semur.

—

INSPECTION
de Semur.

—

CANTONNEMENT
de Saulieu.

—

Retard de nettoiement.

—

EXEMPLE N° 21

—

Direction générale des Forêts.

L'an mil huit cent cinquante-six, le vingt du mois d'avril,

Nous soussignés N..., brigadier forestier à la résidence de Montberthault, et N..., garde forestier à la résidence de Courcelles, assermentés et revêtus des marques distinctives de nos fonctions, certifions que, faisant notre tournée vers neuf heures du matin dans la forêt de Courcelles, appartenant à la commune de Courcelles-Fresnois, au canton appelé les Ordinaires, coupe de l'exercice 1855, sis au territoire de la commune de Courcelles, et dont le bois est âgé de vingt-cinq ans.

Nous avons parcouru la coupe exploitée pour l'exercice 1855 par le sieur N..., entrepreneur du façonnage, et nous avons reconnu que le nettoiement prescrit par l'article 23 du cahier des charges générales n'a pas été effectué. Les ronces et épines n'ont pas été extraites, ou l'ont été d'une manière incomplète; nous avons compté plus de cent vieux étocs qui n'ont pas été ravalés.

Quoique ledit entrepreneur ait été prévenu à plusieurs reprises, il a négligé de faire exécuter ces travaux.

Nous avons, en conséquence, dressé contre lui le présent procès-verbal, que nous avons clos et signé à Courcelles, les jour, mois et an que dessus.

3e CONSERVATION.

—

DÉPARTEMENT
de la Côte-d'Or.

—

ARRONDISS. COMMUNAL
de Semur.

—

INSPECTION
de Semur.

—

CANTONNEMENT
de Saulieu.

—

Retard d'exploitation.

—

EXEMPLE N° 22

—

Direction générale des Forêts.

L'an mil huit cent cinquante-six, le vingt du mois d'avril,

Nous soussignés N..., brigadier forestier, et N..., garde forestier à la résidence de Saulieu, assermentés et revêtus des marques distinctives de nos fonctions, certifions que, faisant notre tournée vers huit heures du matin dans la forêt de Saulieu, appartenant à l'Etat, au canton appelé Champonin, sis au territoire de la commune de Saulieu, et dont le bois est âgé de trente ans,

Nous avons parcouru la coupe de l'exercice 1855, n°... de l'état d'assiette, deuxième lot, dont le sieur N..., marchand de bois, demeurant à Saulieu, s'est rendu adjudicataire, et nous avons constaté que l'exploitation n'en est pas terminée; l'abatage du taillis n'était pas commencé sur un hectare environ de ladite coupe, et il reste encore sur pied trente chênes anciens, marqués pour être exploités, dans la partie où le taillis a été abattu. Nous avons évalué à 1500 fr. la valeur des bois demeurés sur pied; nous en avons déclaré la saisie au sieur T..., facteur de la vente, avec défense d'en disposer d'aucune manière, et nous avons rédigé le présent procès-verbal, que nous avons clos et signé à Saulieu, les jour, mois et an que dessus.

16e CONSERVATION.

—

DÉPARTEMENT
de la Meuse.

—

ARRONDISS. COMMUNAL
de Montmédy.

—

INSPECTION
de Montmédy.

—

CANTONNEMENT
de Spincourt.

—

Défaut de permis. — Chasse réservée.

—

EXEMPLE N° 23

—

Direction générale des Forêts.

L'an mil huit cent cinquante-six, le vingt du mois de septembre,

Nous soussigné N..., garde forestier à la résidence d'Ollières, assermenté et revêtu des marques distinctives de nos fonctions, certifions que, faisant notre tournée vers neuf heures du matin, dans la forêt de Réchicourt, appartenant à la commune de ce nom, au canton appelé les Usages, sis au territoire de la commune de Réchicourt, et dont le bois est âgé de trois ans,

Nous avons entendu un coup de fusil, dans la direction duquel nous nous sommes immédiatement transporté. Nous avons aperçu dans le taillis de la coupe de mil huit cent cinquante-deux un chasseur occupé à recharger son fusil, et nous l'avons reconnu pour N..., fils mineur de M. N..., propriétaire, demeurant à Saint-Pierre-Villiers ; ledit sieur N... n'est ni fermier ni co-locataire du droit de chasse dans les bois de Réchicourt. Il était accompagné d'un chien couchant, et était armé d'un fusil double à piston, à canons damassés et crosse anglaise, arme que nous avons estimée à 150 fr. Invité à nous exhiber son permis de chasse, le sieur N... a déclaré n'en pas avoir.

Fait et clos à   les jour, mois et an que dessus

21e CONSERVATION.

—

DÉPARTEMENT
du Puy-de-Dôme.

—

ARRONDISS. COMMUNAL
de Thiers.

—

INSPECTION
de Clermont.

—

CANTONNEMENT
d'Ambert.

—

Chasse avec engins prohibés. — Temps défendu. — Refus de remettre les engins.

—

EXEMPLE N° 24

—

Direction générale des Forêts.

L'an mil huit cent cinquante-cinq, le douze du mois d'avril,

Nous soussigné N. ., garde forestier à la résidence de Maringues, assermenté et revêtu des marques distinctives de nos fonctions, certifions que, faisant notre tournée vers six heures du matin, dans le bois de Culhat, sis au territoire de la commune de ce nom,

Nous avons aperçu deux individus à nous inconnus qui chassaient à l'aide d'un trémail. Nous les avons invités à nous remettre les filets et le gibier dont ils étaient porteurs, ce à quoi ils se sont formellement refusés; ils ont aussi refusé de nous faire connaître leurs noms et domiciles. Ayant pris leur signalement, afin de les reconnaître plus tard, nous nous sommes établi en embuscade aux environs du bac de Joze, par lequel ils devaient nécessairement passer, et assisté du garde champêtre requis par nous, nous avons attendu jusqu'à l'heure de midi. Ayant parfaitement reconnu nos chasseurs parmi les passagers, nous avons saisi le filet dont ils étaient porteurs, ainsi que le gibier capturé, consistant en six perdrix et trois cailles. — Les délinquants s'étant enfuis, après avoir abandonné leur filet et leur gibier, et personne n'ayant pu nous donner d'indication sur leur identité, nous avons invité le garde champêtre à se mettre sur leurs traces, et renvoyé à une époque ultérieure la clôture de notre procès-verbal.

Nota. — *Affirmer. Après l'affirmation, présenter le procès-verbal au juge de paix dans les chefs-lieux du canton, au maire dans les autres communes, et requérir la vente du gibier.*

FORMULE N° 25

RÉQUISITION

L'an mil huit cent cinquante..., le... du mois de...,

Nous soussigné (*nom, prénoms et qualités*) à la résidence de..., requérons, en vertu des dispositions de l'article 164 du Code forestier, M. le (*qualité de l'agent de la force publique*) de nous seconder dans l'exercice de nos fonctions, et à cet effet de nous faire accompagner (*immédiatement ou à l'heure qu'on indiquera*) par la force publique à sa disposition, dans les (*tournées, recherches ou visites domiciliaires*) auxquelles nous procéderons pour la répression des délits.

Le sieur... ayant obtempéré à notre réquisition, nous lui avons remis un double du présent acte, que nous avons signé à..., les jour, mois et an que dessus.

Signature du préposé.

FORMULE N° 26

PROCÈS-VERBAL DE DÉLIVRANCE

L'an mil huit cent.., le... du mois...

Nous (*noms et qualités*) à la résidence de..., avons, en vertu de la décision de M. le conservateur des forêts, en date du..., délivré dans la forêt... de... au canton de..., en présence du garde du triage, au sieur (*nom du concessionnaire ou de son représentant*),

La quantité de (*indiquer la nature et la qualité des produits délivrés*),

A charge par ledit sieur (*nom du concessionnaire*) demeurant à..., de verser à la caisse du... la somme de (*en toutes lettres*) et d'acquitter les droits de timbre et d'enregistrement du procès-verbal, qu'il a signé avec nous.

A le

Signature du brigadier. Signature du garde du triage.

Signature du concessionnaire.

FORMULE No 27.

DÉCLARATION DE PERTE DE MANDAT

Je soussigné.... déclare avoir perdu le mandat n°... en date du . . . . montant à la somme de . . . . . . et que ce mandat ne m'a pas été payé, ainsi qu'il résulte de l'attestation ci-jointe, donnée par M. L. . . comptable, chargé du paiement.

Je demande qu'il me soit délivré un duplicata dudit mandat.

A le 18.

FORMULE No 28.

COMMISSION DE GARDE PARTICULIER

Je soussigné............, demeurant à........., nomme, par le présent acte, le sieur.. ...... garde des propriétés en nature de bois, prairies et terres arables que je possède sur le territoire des communes de.........

J'autorise en conséquence ledit S..........., à constater, dès qu'il aura rempli les formalités exigées par l'article 117 du Code forestier, tous les délits et contraventions portant atteinte à mes droits de propriété.

Fait à , le 18 .

CONSERVATION — DÉPARTEMENT — INSPECTION — CANTONNEMENT —

FORMULE N° 29

Feuille N°

CALEPIN D'ATTACHEMENT

pour les travaux exécutés à la journée dans. . . . .

Nature des travaux. . . . .

. . . . employés du .

NOMS ET PRÉNOMS DES OUVRIERS	DEMEURE	Lundi	Mardi	Mercredi	Jeudi	Vendredi	Samedi	NOMBRE de journées par ouvrier	PRIX de la journée	SOMME due

Certifié exact par le Garde forestier soussigné préposé à la Surveillance de l'Atelier.

21e CONSERVATION.

—

INSPECTION
d

—

CANTONNEMENT
d

—

Délivrance de harts

EXERCICE 18

—

[1] Indiquer les diverses espèces de harts.

N°
DU SOMMIER
des menus produits.

—

EXEMPLE N° 30

—

N° visé pour timbre au droit de à recouvrer.
, le 18 . *Le Receveur*

DEMANDE DE HARTS

—

Le soussigné, demeurant à , adjudicataire de coupe de , forêt lot. art. de l'affiche de l'exercice 18 , demande l'autorisation de faire couper par les nommés
demeurant à , la quantité de harts nécessaire à l'exploitation de dite coupe, et dont le détail approximatif est ci-dessous ;

Harts à [1] . . . .
— à . . . .
— à . . . .
— à . . . .

Il déclare, en outre, charger le sieur , son facteur, de constater, avec le garde du triage, les quantités délivrées.

A le 18 .

ADMINISTRATION DES FORÊTS.

—

L'inspecteur des forêts, soussigné, autorise le sieur
à faire couper les quantités de harts demandées, en se conformant aux conditions imposées par le chef du cantonnement, qui demeure chargé de l'exécution du présent.

A , le 18 .

N° — Reçu et transmis au sieur forestier, à , pour surveiller l'exécution.

A , le 18 .

Le des forêts,

* Indiquer les diverses espèces de harts.

DATES des déli-vrances	QUANTITÉS et NATURE des harts délivrées (En toutes lettres)	QUANTITÉ DE HARTS à				SIGNATURES	
		* (En chiffre)	* (En chiffres)	* (En chiffres)	* (En chiffres)	du garde	du facteur
	TOTAUX....						

VU et VÉRIFIÉ par le [1] des forêts, à qui certifie que les délivrances ci-dessus constatées ont été régulièrement faites ; le sieur
devra payer en conséquence :
1° Harts à , à le mille
2° — à , à —
3° — à , à —
4° — à , à —

TOTAL.......

1 Chef du cantonnement, A , le 18

CONSERVATION

—

DÉPARTEMENT

d

FORMULE N° 31

MOBILISATION

MILITAIRE

—

(Décret du 2 avril 1875.)

(1) Nom, prénoms, situation administrative et résidence.

(2) Nom, prénoms qualité et demeure.

(3) En totalité ou dans la proportion des..... *trois quarts*, *quatre cinquièmes*, etc.).

Je soussigné (1)
retenu hors de ma résidence en exécution du décret de mobilisation militaire du...
donne à (2)

pouvoir d'émarger, de toucher et recevoir pour moi et en mon nom (3)
le montant des mandats délivrés ou à délivrer pour mon traitement civil, d'en donner bonne et valable quittance, substituer,

A , le 18 .

(*Signature.*)

Vu pour légalisation de la signature du S^r

A , le 18 .

Le Conservateur des Forêts,

Nota. — Le présent pouvoir est établi sur papier libre. (Art. 19 du règlement des finances du 26 décembre 1866.)

FORMULE N° 32

Acte de Vente sous Seing privé d'une Coupe de taillis sous futaie.

Entre les soussignés N..., propriétaire, demeurant à..., d'une part, et X.., marchand de bois, demeurant à..., d'autre part, il a été convenu ce qui suit :

M. N... vend à M. X... la coupe du bois de..., n° [1] de l'aménagement..., lot [2] contenant... hectares... ares, et limitée :

au nord, par...
au couchant, par...
au midi, par...

Sous la réserve de... *chênes*... *hêtres*... *ormes*... anciens.
de... *chênes*... *hêtres*... *érables*... cadets.
de... *chênes*... *hêtres*... *frênes*... modernes.
de... *chênes*... *hêtres*... *divers*... baliveaux.

Tous les arbres réservés sont marqués au pied du marteau du vendeur portant les lettres [3]... ; savoir : les anciens et les baliveaux d'une seule empreinte, les cadets de trois et les modernes de deux empreintes juxtaposées.

Sont, en outre, réservés les arbres de limites, corniers et parois ; savoir :

... corniers, dont... *chênes* et... *charmes*.
... parois, dont... *chênes* et... *érables*.

Lesdits arbres portent au pied et au flanc l'empreinte du marteau du vendeur.

L'acquéreur est tenu de respecter tous les arbres réservés, et il s'engage à payer pour ceux de ces arbres qui seraient coupés ou brisés pendant la durée de l'exploitation et par le fait

1. Si le bois est aménagé, on indiquera le numéro de la coupe.

2. Si la coupe est divisée en plusieurs lots, on indiquera le numéro du lot.

3. Si, au lieu d'initiales, le marteau porte des armoiries, on remplacera le mot *lettres* par ceux-ci : *armoiries du vendeur*.

du vendeur, de ses ouvriers ou voituriers, les indemnités suivantes :

Pour un ancien... ... fr. ; pour un cadet... ... fr.
Pour un moderne. ... fr. ; pour un baliveau. ... fr.

L'acquéreur s'engage, en outre, à faire couper les bois à la cognée et aussi près de terre que possible, à faire ravaler les étocs, à extraire les ronces, épines et autres morts-bois, à faire ébrancher sur pied, avant l'abatage, tous les arbres abandonnés, et à n'écorcer sur pied aucun des bois de la vente[1], le tout sous peine de dommages-intérêts.

Il s'oblige à terminer l'abatage du taillis et des futaies avant le 15 avril 18.., le façonnage et l'empilage des ramilles et bois de feu avant le 15 juin suivant, et la vidange avant le 1er avril..., à peine de payer une indemnité de... fr. pour chaque jour de retard.

La vidange s'effectuera par les chemins de... La réparation des ponts, ponceaux, barrières, glacis, fossés bordiers endommagés par le fait de la vidange, sera à la charge de l'acquéreur, qui devra en outre faire fouir et régaler les places des ateliers, baraques et lieux de dépôt.

L'acquéreur livrera au domicile du vendeur et sans frais pour ce dernier... stères de bois de chauffage de qualité marchande, et au domicile du garde...stères du même bois et... bourrées de... de tour.

1. — Quand l'acquéreur autorisera l'écorcement, il faudra supprimer cette dernière clause et modifier les délais d'abatage et de façonnage, qui devront être prorogés, suivant les lieux, jusqu'au 1er ou au 15 juin pour l'abatage, et au 1er juillet pour l'empilage.

Si l'usage du pays est d'écorcer les taillis sur pied, il conviendra de stipuler qu'il sera pratiqué au pied de chaque brin une incision annulaire, afin que l'écorce de la souche ne soit pas enlevée avec celle de la tige. Il faudra, en outre, obliger l'acquéreur à faire abattre les brins immédiatement après l'écorcement. Cette clause est très importante, car il arrive souvent que les ouvriers laissent sur pied les brins écorcés, qui continuent à végéter, ce qui amène l'appauvrissement de la souche et, par suite, des rejets qu'elle doit produire.

La présente vente est faite, sans garantie de contenance, moyennant le prix de... fr., payable par quart, savoir :

Le premier quart de . . . . fr. le... 18..
Le deuxième quart de . . . . . . » le... 18..
Le troisième quart de . . . ... » le... 18..
Le quatrième et dernier de. ... » le... 18..

pour lesquelles sommes l'acquéreur fournira quatre lettres de change ou billets à ordre, payables à..., aux époques ci-dessus fixées.

L'acquéreur s'oblige à donner bonne et valable caution solidaire de l'exécution du présent acte, laquelle caution devra en conséquence endosser les lettres de change et billets à ordre ci-dessus mentionnés.

Il s'oblige, en outre, à payer les droits d'enregistrement du présent acte, ainsi que les frais et doubles droits, s'il y a lieu.

Fait en double à..., le... mil huit cent...

(Signature du vendeur.) (Signature de l'acquéreur.)
N... X...

FORMULE N° 33

Formalités à remplir pour obtenir le Permis d'exploiter.

1° Présenter le garde-vente à l'inspecteur pour le faire agréer. L'acceptation du garde-vente est constatée sur la commission délivrée par l'adjudicataire.

	fr.	c.
La Commission doit être rédigée sur timbre, coût..	0	60
2° Faire enregistrer la commission, droits, décimes	3	75
3° Déposer la commission au greffe de la justice de paix du canton où est située la coupe, et prendre jour pour la prestation de serment.		
4° Prestation de serment. Enregistrement de l'acte de prestation (droits et décimes).	1	88
Timbre de l'acte de prestation.	0	60
Mention au répertoire (droit de greffe).	0	25
Mention du serment sur la commission (gratuit). . .		
5° Déposer au tribunal de première instance l'empreinte du marteau de l'adjudicataire. Ce dépôt entraîne les frais suivants:		
Timbre du registre.	0	60
Timbre du répertoire.	0	25
Enregistrement, droits et décimes.	5	63
Droits de greffe.	1	37
Remise sur le droit de greffe et droit de rédaction.	1	63
Mention au répertoire.	0	10
État des frais ci-dessus remis à l'adjudicataire. . .	0	10

6° Présenter à l'inspecteur : 1° la commission sur laquelle il est fait mention de la prestation du serment; 2° le reçu de droits de dépôt de l'empreinte du marteau; 3° le registre du garde-vente; 4° le récépissé des traites; 5° la quittance des droits proportionnels d'enregistrement; 6° la quittance de la taxe de 1,60 p. 100 à verser à la caisse du receveur de l'enregistrement pour les coupes de bois de l'État, et s'il s'agit de coupes communales la quittance des droits fixes de timbre et d'enregistrement donnée par le receveur de l'enregistrement et la quittance du dixième du prix principal délivrée par le receveur municipal.

N° 34

MÉDAILLE FORESTIÈRE

Par un rapport en date du 14 mai 1883 le ministre de l'agriculture a proposé au président de la République d'instituer une médaille d'honneur destinée à récompenser les préposés forestiers.

Un décret du 15 mai a sanctionné cette proposition et un arrêté ministériel du 23 du même mois a réglé les mesures de détail que comporte la création de cette médaille.

Cet arrêté est ainsi conçu :

Le ministre de l'agriculture, vu le décret du 15 mai 1883 sur la proposition du directeur des forêts, arrête :

Article premier. — Le ministre de l'agriculture pourra accorder une médaille d'honneur aux préposés domaniaux, mixtes ou communaux qui comptent vingt ans de services irréprochables, ou qui se sont signalés par des actes de dévouement ou de courage dans l'exercice de leurs fonctions.

La médaille n'est accordée qu'aux préposés du service actif ou aux préposés sédentaires qui ont été contraints de quitter le service actif par suite de blessures reçues ou d'infirmités contractées à l'occasion d'actes de dévouement ou de courage accomplis dans l'exercice des fonctions [1].

1. — Par arrêté du 30 juin 1891, le ministre de l'agriculture a décidé que les brigadiers et gardes sédentaires pourront recevoir la médaille forestière dans les mêmes conditions que leurs collègues du service actif, sans que leur nombre puisse être supérieur à 15. (Circ. du 31 juillet 1891, n° 437.)

Toutefois le temps que les préposés du service actif auront passé dans le service sédentaire comptera, jusqu'à concurrence de cinq années, dans la durée de service exigée.

Art. 2. — Les préposés qui ont cessé leurs fonctions ne peuvent prétendre à une médaille d'honneur.

Art. 3. — Il pourra être accordé soixante médailles en 1883 et dix pendant chacune des quatre années suivantes.

A partir de 1887, le nombre des préposés médaillés en fonctions ne pourra s'élever au-dessus de cent [1]. Une fois ce chiffre atteint, de nouvelles médailles ne seront décernées que dans la mesure des extinctions.

Art. 4. — Les titulaires des médailles sont autorisés à porter la médaille suspendue à un double ruban rayé vert et jonquille conforme au type officiel. — Le ruban ne peut être porté sans la médaille.

Art. 5. — L'autorisation de porter la médaille pourra être suspendue, pour motifs graves, par décision du ministre de l'agriculture. — Le retrait de la médaille pourra être également prononcé par décision ministérielle.

Ces dispositions sont applicables aux préposés en retraite, comme à ceux en activité de service.

Art. 6. — La médaille est du module de 30 millimètres, elle porte sur une face la devise : *Honneur et dévouement*, et les mots : *République française*, sur l'autre et les mots : *Ministère de l'agriculture, administration des forêts*. Le nom et le prénom du titulaire et le millésime.

Art. 7. — Le titulaire d'une médaille reçoit un diplôme indiquant les faits qui lui ont valu cette distinction.

Art. 8. — Le présent arrêté sera déposé à la Direction des forêts, pour être notifié à qui de droit.

Fait à Paris, le 23 mai 1883.

Le Ministre de l'Agriculture,

J. Méline.

1. — Par un arrêté en date du 30 juin 1891, le ministre a porté à 250 le nombre des préposés médaillés. (Circ. du 31 juillet 1891, n° 437.)

N° 35

BIBLIOTHÈQUES

La Direction générale des forêts a établi, dans le but de donner aux préposés le goût de la lecture, des bibliothèques composées d'ouvrages de science, de littérature et de morale, qui sont mis à la disposition des gardes et de leur famille.

L'organisation de ces bibliothèques et leur mode de fonctionnement ont été réglés par l'arrêté du 23 juin 1874, dont nous produisons le texte :

Règlements pour les Bibliothèques forestières.

Article premier. — Il est établi à titre d'essai, par les soins et aux frais de l'administration, dans l'intérêt de l'instruction des préposés et des membres de leur famille, une bibliothèque forestière par brigade domaniale ; les brigades communales en seront aussi dotées si, par leur composition, les relations entre le brigadier et les préposés sous ses ordres y sont fréquentes et faciles.

Art. 2. — La bibliothèque forestière est, autant que possible, placée en maison forestière et chez le chef de brigade ; néanmoins il peut être, suivant les circonstances locales, dérogé à l'une ou à l'autre de ces deux règles.

Art. 3. — Les livres de la bibliothèque forestière seront rangés sur des rayons en forme d'étagère de modèle uniforme, fournie aux frais de l'administration. Cette étagère sera fixée en lieu sec contre le mur de la chambre principale.

Art. 4. — Un registre in-4° sera joint à chaque bibliothèque ; il servira à l'inscription, avec numéros d'ordre, de tous les ouvrages en faisant partie et en constituera l'inventaire. Cet inventaire sera tenu au courant des accroissements que pourra successivement recevoir la bibliothèque.

Art. 5. — Tout volume sera pourvu à sa première page d'une étiquette portant : *Bibliothèque forestière. — Brigade... Nº d'ordre de l'inventaire.*

Art. 6. — Tous les préposés d'une brigade ont le droit, pour eux et ceux de leur famille qui vivent sous le même toit, d'emprunter des livres à la bibliothèque forestière.

Art. 7. — Une partie du registre d'inventaire sera destinée à l'inscription des livres emportés, avec mention de l'état dans lequel ils se trouvent et la date de l'emprunt. — Cette mention sera signée par l'emprunteur, qui, à partir de ce moment, devient responsable des livres prêtés.

Art. 8. — On ne peut emprunter à la fois plus de deux volumes de la bibliothèque, ni les conserver au delà d'une durée de deux mois.

Art. 9. — La rentrée de tout livre prêté sera constatée sur le registre par l'indication de la date de la remise et de la condition dans laquelle il se trouve. — Le brigadier ou garde auquel la bibliothèque est confiée y apposera sa signature, qui servira de décharge à l'emprunteur.

Art. 10. — Aucun livre ne peut sortir de la bibliothèque sans l'accomplissement des formalités ci-dessus prescrites.

Art. 11. — L'agent forestier chef de cantonnement s'assurera, dans ses tournées, de l'état de bon entretien des bibliothèques et de l'exécution du présent règlement. Il fera un récolement annuel des bibliothèques de son cantonnement et adressera à l'inspecteur chef de service, pour le 1er décembre de chaque année, un compte rendu de sa vérification, avec un extrait sommaire du registre des sorties et des rentrées pendant le cours de l'année expirée.

Art. 12. — Le conservateur adressera, pour le 31 décembre au plus tard, au directeur général un rapport sur le fonctionnement, dans l'année, des bibliothèques forestières de sa circonscription.

N° 36

ÉCOLE SECONDAIRE DES BARRES

CONDITIONS ET RÈGLES D'ADMISSION

1. — Chaque année, au mois de février, les conservateurs font connaître les préposés qu'ils jugent aptes à devenir gardes généraux et qui leur paraissent en situation de subir avec succès les examens du concours d'admission à l'École secondaire d'enseignement professionnel.

Ne peuvent être compris dans l'état de présentation établi à cet effet que les préposés ayant moins de 35 ans d'âge au 1er janvier de l'année du concours et devant compter au 1er octobre suivant quatre années de service actif. Il suffit de deux ans de service actif pour les fils d'agents et de préposés, élèves de l'Ecole pratique des Barres, ayant satisfait aux examens de sortie de ladite école.

Il est établi pour chaque préposé, à l'appui de sa demande, un rapport détaillé dans lequel les titres du candidat sont constatés et appréciés successivement par ses chefs hiérarchiques; ce rapport est accompagné du relevé des services et de la copie des feuilles de notes en ce qui concerne les préposés communaux.

Les dossiers ainsi constitués sont remis par les soins de la Direction des Forêts à l'inspecteur général de la région avant son départ en tournée, pour qu'il puisse, autant que possible, pendant le cours de ses vérifications, se renseigner sur les candidats.

2. — Le Directeur des Forêts arrête annuellement la liste des

préposés admis à prendre part au concours d'admission à l'Ecole secondaire.

Ce concours comprend des compositions écrites, des examens oraux et un examen d'instruction pratique.

Les candidats reçoivent, à cette occasion, les indemnités réglementaires de déplacement et de séjour.

3. — Les compositions écrites servent à établir un premier classement destiné à exclure des examens oraux et de l'examen pratique les candidats insuffisamment instruits, puis à déterminer, concurremment avec ces examens, le classement par ordre de mérite des candidats.

4. — Dans la seconde quinzaine d'août, les candidats sont convoqués pour subir les épreuves écrites au chef-lieu de la conservation dont ils dépendent. Ils doivent y être rendus la veille du jour fixé pour ces examens.

5. — Les agents chargés de surveiller les compositions sont désignés par le Directeur des Forêts.

Les sujets des compositions et les imprimés nécessaires sont envoyés au conservateur, sous plis cachetés.

Les compositions écrites ont lieu partout le même jour; elles comprennent :

1er jour (séance du matin) :

1° Une dictée;

2° Une composition française (lettre, rapport ou compte rendu) :

1er jour (séance de relevée) :

3° Une composition de mathématiques rentrant dans les conditions du programme pour les épreuves orales;

2e jour :

4° Un dessin linéaire, mis au net à une échelle déterminée d'un croquis coté.

6. — L'enveloppe renfermant chaque sujet de composition est décachetée à l'ouverture de chaque séance par les agents délégués en présence des candidats réunis pour subir l'épreuve à laquelle le sujet se rapporte.

7. — Toutes les compositions sont faites sur des feuilles à têtes imprimées, délivrées au candidat au commencement de la séance. Chaque candidat, en recevant sa feuille, appose son nom sur la tête imprimée, il signe à l'endroit indiqué sur cette tête: un de ces agents délégués appose immédiatement son visa.

8. — Il est accordé aux candidats :

1° Pour relire la dictée ; un quart d'heure ;

2° Pour la composition française : trois heures ;

3° Pour la composition de mathématiques : trois heures ;

4° Pour la composition en dessin : quatre heures.

9. — A l'expiration du temps accordé pour chaque composition, les feuilles sont remises aux agents chargés de la surveillance. Ces fonctionnaires apposent leur visa par paraphe sur chaque feuille, immédiatement au-dessous de la dernière ligne écrite par le candidat ; ils forment, après chaque séance, un paquet des compositions et l'adressent immédiatement à la Direction des Forêts avec un procès-verbal rendant compte de tous les incidents qui ont pu se produire et faisant notamment connaître si tous les candidats ont remis leurs compositions.

10. — Les compositions sont soumises au jugement des correcteurs nommés par le Ministre de l'Agriculture ; avant de faire remettre les compositions aux correcteurs, le Directeur des Forêts fait détacher de chaque feuille la tête imprimée sur laquelle se trouve le nom et la signature du candidat. Les noms sont remplacés par des numéros d'ordre.

Les parties détachées restent sous scellés.

11. — Les compositions sont cotées, par les correcteurs, d'un numéro de mérite compris dans l'échelle de 0 à 20.

Toute cote inférieure à 10 pour l'orthographe déterminera à elle seule l'exclusion qui atteindra également tout candidat convaincu de fraude.

12. — Les corrections terminées, il est dressé un état général portant les numéros d'ordre des compositions, avec l'indication des cotes données à chacune d'elles, de leurs produits par les coefficients et de la somme de ces produits.

Toutes les copies d'un même candidat ont le même numéro d'ordre qui correspond au nom de ce préposé.

Il est dressé une liste de tous ces numéros, par ordre de mérite, d'après la somme totale des points obtenus.

Cette liste est soumise au Ministre qui détermine, pour l'année, le nombre des admissibles aux épreuves orales.

13. — Immédiatement après la décision du Ministre, les noms des candidats sont portés sur la liste de classement à l'aide des numéros d'ordre inscrits sur les têtes imprimées.

La liste des candidats admissibles aux épreuves orales établie par ordre alphabétique est notifiée par l'intermédiaire des conservateurs.

EXAMENS ORAUX ET EXAMENS D'INSTRUCTION PRATIQUE

14. — La Commission chargée de faire passer les examens oraux et l'examen d'instruction pratique est composée de trois membres nommés par le Ministre de l'Agriculture, savoir : un inspecteur général ou un conservateur des Forêts, président, et deux agents, inspecteurs, professeurs ou inspecteurs adjoints.

Les examens portent sur les matières ci-après :

Arithmétique. — Numération : les quatre règles. — Divisibilité des nombres. — Nombres premiers. — Fractions ordinaires et décimales. — Règles de trois, d'intérêt et d'escompte. — Système métrique.

Géométrie élémentaire. — Angles. — Triangles. — Parallélogrammes. — Circonférence et cercle. — Polygones réguliers. — Sphère. — Prismes. — Pyramides. — Cônes. — Évaluation des surfaces et des volumes.

Histoire. — Histoire de France depuis Henri IV jusqu'à nos jours.

Géographie. — Géographie physique, politique et administrative de la France et de ses colonies.

Instruction pratique. — Cubage d'arbres en grume. — Assiette sur le terrain d'une coupe d'une contenance donnée. — Notions sur le service administratif des préposés.

15. — La Commission se transporte successivement dans les différents centres d'examens désignés à cet effet.

Le Directeur des Forêts fait connaître, en temps opportun, les centres désignés, et la date à laquelle doivent commencer les examens dans chacun de ces centres.

16. — Le tour d'examen des préposés admis aux épreuves orales est déterminé dans chaque centre par l'ordre alphabétique de la première lettre de leur nom patronymique.

La veille de chaque séance, le président de la Commission d'examen fait afficher la liste des candidats qui peuvent être interrogés dans la séance suivante ; ceux d'entre eux qui, sans motifs valables, ne se présentent pas lorsqu'ils sont appelés, peuvent être exclus du concours.

17. — Les examens sont publics, mais pour les agents et préposés forestiers seulement, l'entrée des salles restant interdite à toute autre personne.

18. — Les examens roulent sur les matières indiquées à l'article 14 et les examinateurs posent, dans les limites du programme, toutes les questions qu'ils jugent nécessaires pour s'éclairer sur le degré d'instruction des candidats.

19. — Chaque examinateur attribue aux réponses des candidats dans les diverses parties sur lesquelles il les a interrogés une cote numérique comprise dans l'échelle de 0 à 20. Cette cote est multipliée ensuite par le coefficient correspondant.

20. — Immédiatement après la clôture des opérations dans chaque centre d'examen, le président de la Commission en fait connaître le résultat au Directeur des Forêts.

COEFFICIENTS. — CLASSEMENT

21. — Les coefficients sont fixés ainsi qu'il suit :

Compositions.			
Dictée	15	45	100
Composition française	12		
Composition de mathématiques	10		
Composition en dessin	8		
Examens oraux.			
Arithmétique	10	30	
Géométrie	10		
Histoire	5		
Géographie	5		
Examens d'instruction pratique.			
Arpentage	10	25	
Cubage	7		
Notions administratives	8		

Le produit de chacun de ces coefficients par la cote de mérite représente le nombre de points obtenus par le candidat dans chacune des divisions du programme. La somme des produits ainsi formés détermine le rang de ce candidat sur la liste définitive de classement.

22. — Ne seront pas compris dans le classement les candidats qui ne réuniront pas un nombre de points (1,000) égal à la moitié du nombre total maximum.

23. — Le classement des candidats est fait par un jury d'admission composé du Comité d'avancement et de la Commission d'examen.

Après la clôture des opérations du jury, le Directeur adresse au Ministre de l'Agriculture la liste par ordre de mérite des candidats reconnus admissibles.

Le Ministre de l'Agriculture nomme élèves de l'École secondaire d'enseignement professionnel, dans l'ordre de classement établi par cette liste, le nombre des candidats admissibles qu'il juge nécessaire d'après les propositions du Directeur des Forêts pour les besoins du service et dans les limites budgétaires.

N° 37

ÉCOLE PRATIQUE DE SYLVICULTURE DES BARRES

CRÉÉE PAR DÉCRET DU 14 JANVIER 1888

RÈGLEMENT ET CONDITIONS D'ADMISSION

TITRE PREMIER

BUT ET RÉGIME DE L'ÉCOLE

ARTICLE PREMIER

Il est institué au domaine des Barres-Vilmorin, commune de Nogent-sur-Vernisson (Loiret)[1], une École pratique de sylviculture ayant pour but de former des gardes particuliers, des régisseurs agricoles et forestiers et de donner une bonne instruction professionnelle aux jeunes gens qui se destinent à ces sortes d'emploi.

Elle est ouverte, en conséquence, aux élèves libres dans les conditions déterminées par les articles qui suivent.

ART. 2.

L'École reçoit des élèves internes et des demi-pensionnaires.

Le Ministre fixe chaque année le nombre des élèves à admettre à l'École, d'après les résultats du concours et les places disponibles dans le casernement.

1. — La station la plus voisine de l'École est celle de Nogent-sur-Vernisson, sur la ligne de Paris à Lyon par le Bourbonnais, et située à deux kilomètres du domaine des Barres. La voiture de Châtillon-sur-Loing passe à 50 mètres de l'établissement ; enfin l'École est desservie par le bureau de poste et le bureau télégraphique de Nogent-sur-Vernisson.

ART. 3.

Le prix de la pension est de 600 francs par an et celui de la demi-pension de 300 francs, payable d'avance et par dixième en trois versements, savoir : trois dixièmes en entrant, trois dixièmes en janvier et quatre dixièmes en avril.

Ces sommes sont destinées à assurer le payement des dépenses de nourriture, ainsi qu'il est prescrit à l'article 15 du présent arrêté, et de celles résultant de l'entretien de l'élève.

Elles seront adressées directement, par les parents, au comptable de l'établissement.

Indépendamment du prix de la pension, les élèves sont tenus de verser, à leur entrée dans l'établissement, une somme de 100 francs destinée à garantir le payement de l'uniforme et le remplacement ou la réparation des objets cassés, détériorés ou perdus par leur faute.

Tous les élèves sans exception sont obligés d'être pourvus à l'École des effets de trousseau arrêtés par le Directeur de l'établissement : il en est de même pour les livres et les objets nécessaires à leur instruction [1].

L'Administration fournit gratuitement aux élèves l'instruction, le logement, la literie, les ustensiles de cuisine et de table, l'éclairage et les soins du médecin.

Le médecin attaché à l'École se rend à l'établissement aussi souvent que le Directeur le juge nécessaire. Tout élève reconnu malade est, sur la prescription du médecin, envoyé à l'infirmerie pour y être soigné. Si la maladie paraît devoir être grave et de longue durée, il en est donné aussitôt avis aux familles qui peuvent être invitées à reprendre leurs enfants.

1. — Ce trousseau se compose de : six chemises, trois caleçons, six paires de chaussettes, six serviettes de toilette, deux paires de chaussures en bon état, douze mouchoirs de poche, six serviettes de table, deux paires de draps, deux blouses de toile bleue avec pattes sur les épaules et boutons grelots, deux pantalons de treillis écru, un uniforme de grande tenue.

L'uniforme de grande tenue comprend : un caban, un veston-jaquette, un pantalon de drap, une cravate, un képi. Il est livré administrativement, à titre de commandes particulières, par les fournisseurs du ministère et aux prix fixés par leurs marchés.

Les principaux objets nécessaires à l'instruction se composent de : une boîte de mathématiques, une règle plate, une échelle à parallèles, des couleurs, des pinceaux, etc.

Le blanchissage est aux frais des élèves et s'impute de la même façon que les dépenses de nourriture.

ART. 4.

Chaque année, une somme nécessaire pour l'entretien d'élèves boursiers de l'État est prévue au budget de l'enseignement forestier; ces bourses peuvent être fractionnées. Elles sont attribuées par le Ministre aux fils d'agents et de préposés qui ont subi avec succès les épreuves de l'examen d'admission et qui ont justifié de l'insuffisance de leurs ressources.

Les candidats désirant obtenir une bourse devront fournir à l'appui de leur demande (sur papier timbré de 0 fr. 60 cent.):

1° Un état des services de leur père;

2° Une délibération du Conseil municipal de la commune où résident leurs parents constatant l'état de leurs ressources et leurs charges. S'ils sont majeurs, une délibération du Conseil municipal de la commune qu'ils habitent constatant l'insuffisance de leurs ressources.

Les départements peuvent également allouer des bourses, demi-bourses ou fractions de bourses quelconques.

TITRE II

MODE ET CONDITIONS D'ADMISSION DES ÉLÈVES

ART. 5.

Les élèves sont reçus après un examen permettant de constater leur aptitude et leur degré d'instruction. L'examen a lieu tous les ans, dans la première quinzaine de juillet, au chef-lieu de la conservation ou au siège de l'inspection dont dépend la résidence du candidat.

ART. 6.

Les candidats doivent avoir 17 ans au moins et 35 ans au plus au 1er janvier de l'année de leur admission.

Ils ont à fournir les pièces suivantes qui doivent être adressées au Ministre de l'Agriculture avant le 1er juin:

1° Demande du candidat, s'il est majeur, ou des parents dans le cas contraire (sur timbre de 60 centimes);

2° Extrait de l'acte de naissance, dûment légalisé, du candidat;

3° Un certificat de bonne conduite délivré par le maire de la résidence effective du candidat;

4° Un engagement, soit du père de famille ou d'un répondant, soit du candidat lui-même, s'il est majeur, d'acquitter régulièrement le prix de la pension (sur timbre de 10 centimes) [1].

Sur le vu de ces pièces le Ministre autorise, s'il y a lieu, le candidat à se présenter au concours et lui en donne avis. Sont ajournés les candidats dont les cours seraient forcément interrompus par l'appel sous les drapeaux pour l'accomplissement de leur service militaire.

ART. 7.

L'examen d'admission a lieu au chef-lieu de la conservation ou de l'inspection, sous la surveillance d'un agent forestier délégué à cet effet.

Il se compose d'épreuves écrites au nombre de trois, savoir :

Une dictée;

Une composition de mathématiques;

Une composition d'histoire et de géographie rentrant dans les conditions du programme ci-après :

Arithmétique. — Les quatres règles, règle de trois; système métrique.

Géométrie élémentaire. — Pratique de l'évaluation des surfaces et des volumes.

Histoire. — Résumé de l'histoire de France depuis 1789 jusqu'à nos jours.

Géographie. — Géographie physique de la France et de ses colonies.

Les sujets de composition et les imprimés nécessaires sont envoyés aux conservateurs, sous plis cachetés, par le service central du ministère.

1. — MODÈLE D'ENGAGEMENT. — Je soussigné (*nom, prénoms, qualité, domicile*) m'engage à payer la pension à l'Ecole pratique de sylviculture des Barres de mon (*titre de parenté, nom et prénoms du candidat résidence*), à raison de six cents francs par an et aux époques indiquées par le règlement, pendant tout le temps qu'il passera dans cet établissement, et à effectuer, à son entrée, le versement de la somme de cent francs à titre de garantie du payement de l'uniforme et autres objets.

Toutes les compositions sont faites sur des feuilles à tête imprimée délivrées aux candidats au commencement de la séance. Chaque candidat, en recevant sa feuille, appose ses nom et prénoms sur la tête imprimée et signe à l'endroit indiqué sur cette tête.

Il est accordé aux candidats :

Un quart d'heure pour relire la dictée ;

Deux heures et demie pour la composition d'histoire et de géographie ;

Quatre heures pour la composition de mathématiques.

A l'expiration du temps accordé pour chaque composition, les feuilles sont remises à l'agent chargé de la surveillance, qui appose un simple paraphe, *et non sa signature entière*, immédiatement au-dessous de la dernière ligne écrite par le candidat et forme, après chaque séance, un paquet des compositions. Ce paquet est immédiatement adressé au ministère avec un procès-verbal rendant compte de tous les incidents qui ont pu se produire, et faisant connaître, notamment, si tous les candidats ont remis leurs compositions.

Les compositions sont soumises au jugement des correcteurs nommés par le Ministre, après que la tête imprimée sur laquelle se trouvent le nom et la signature du candidat a été détachée et remplacée par un numéro d'ordre.

Les parties détachées restent sous scellés.

Les compositions sont cotées par les correcteurs d'un numéro de mérite compris dans l'échelle de 0 à 20, et les coefficients sont fixés ainsi qu'il suit :

Dictée	25
Histoire	10
Géographie	10
Mathématiques	15

Les corrections terminées, il est dressé un état général portant les numéros d'ordre des compositions, avec indication des cotes obtenues pour chacune d'elles, de leurs produits par les coefficients correspondants et du total de ces produits.

Toutes les copies d'un même candidat portent le même numéro d'ordre, qui correspond au nom de ce candidat. Il est dressé une liste de tous ces numéros, par ordre de mérite, d'après la somme totale des points obtenus.

Les noms des candidats sont portés sur cette liste à l'aide des numéros d'ordre inscrits sur les têtes imprimées.

Ne seront pas compris dans le classement les candidats qui ne réuniront pas un nombre de points (600) égal à la moitié du nombre total maximum. Pourront ne pas être classés les candidats qui, tout en ayant atteint ou dépassé ce nombre, auraient obtenu une cote inférieure à 6 dans l'une quelconque des divisions du programme. L'exclusion sera prononcée contre tout candidat convaincu de fraude.

ART. 8.

L'admission est prononcée par le Ministre de l'Agriculture, d'après la liste de classement et jusqu'à concurrence des places disponibles ; la liste des élèves admis chaque année et l'état des bourses sont publiés au *Journal officiel*.

TITRE III

ENSEIGNEMENT

ART. 9.

La durée des études est de deux ans. Les cours commencent chaque année le 15 octobre et sont terminés pour le 15 août de l'année suivante.

L'enseignement est à la fois théorique et pratique. A cet effet, le temps des élèves est partagé entre les travaux sur le terrain, les cours et leurs applications, d'après un emploi du temps réglé, suivant la saison, par le Directeur de l'École.

L'enseignement pratique comprend les travaux de culture et de main-d'œuvre dans le domaine et dans les pépinières, des exercices au laboratoire et des exercices de topographie sur le domaine et aux environs, etc.

L'enseignement pratique est complété au moyen d'excursions dans la forêt de Montargis, où les élèves prennent part à toutes les opérations relatives aux coupes.

L'enseignement théorique comprend les matières ci-après :

1° Agriculture générale ;

2° Éléments de sylviculture. — Débit et exploitation des bois. — Notions sommaires d'aménagement, principalement au point de vue des taillis ;

3° Éléments de droit forestier et notions sur l'organisation administrative en France. Lois sur la chasse ; rédaction des procès-verbaux ; poursuites ;

4° Éléments de botanique forestière ;

5° Arboriculture et viticulture ;

6° Histoire et Géographie ;

7° Arithmétique et géométrie élémentaire

8° Topographie, — Dessin linéaire ;

9° Langue française (rédaction d'un rapport) ;

10° Physique météorologique et chimie appliquée à l'agriculture ;

11° Comptabilité agricole ;

12° Exercices militaires.

ART. 10.

L'emploi du temps relatif à la répartition des cours et des examens particuliers auxquels sont soumis les élèves pendant la durée de leurs études est arrêté au commencement de chaque trimestre par le Directeur de l'Ecole après avis du conseil d'instruction.

ART. 11.

A la fin de chaque année scolaire, les élèves sont l'objet d'un classement résultant des notes obtenues dans les examens subis par eux, au cours de l'année et dans les diverses épreuves, d'après un règlement arrêté par le Directeur des forêts.

ART. 12.

Les élèves qui auront satisfait à la fin de la deuxième année aux examens de sortie recevront un certificat de fin d'études, qui leur sera délivré par le Ministre de l'agriculture. Les jeunes gens munis de ce certificat pourront, suivant les besoins du service, s'ils ont satisfait à la loi militaire et s'ils ont vingt-cinq ans, être nommés gardes forestiers domaniaux de deuxième classe.

Après deux années de service actif, ils peuvent demander à concourir pour l'admission à l'école secondaire d'enseignement professionnel, à la sortie de laquelle ils reçoivent le titre de *garde général stagiaire*.

Ne seront pas considérés comme ayant satisfait aux examens de sortie les élèves ayant une moyenne générale inférieure à 10 ou une moyenne inférieure à 5 dans une matière quelconque du programme.

Tout élève qui, à la fin des examens de première année, aura obtenu une moyenne générale inférieure à 8 ou, dans une matière quelconque, une moyenne inférieure à 4, ne sera pas admis à passer dans la division supérieure, et il sera décidé par le Conseil d'instruction si cet élève doit être renvoyé de l'École ou s'il peut être admis à renouveler cette première année.

TITRE IV

PERSONNEL

ART. 13.

La direction de l'Ecole est confiée à un conservateur ou à un inspecteur des forêts, dont l'autorité s'étend sur toutés les parties du service, de l'instruction et de l'administration.

Des agents forestiers dont le nombre est fixé par le Ministre, aidés au besoin par des auxiliaires étrangers, professent les cours et sont, en outre, chargés des interrogations, de la correction des travaux et de l'instruction publique.

Un des professeurs a titre de Sous-Directeur et supplée le Directeur de l'Ecole en cas d'empêchcment de ce dernier.

Un adjudant de surveillance est chargé de donner l'instruction militaire aux élèves. Un préposé forestier comptable est attaché à l'établissement.

Pour assurer la marche régulière de l'établissement, il est institué près de l'École un conseil d'instruction et de perfectionnement composé du Directeur, du Sous-Directeur et des agents professeurs.

Ce conseil est appelé à donner son avis sur tout ce qui concerne les méthodes d'instruction et le service intérieur de l'École ; il propose les améliorations qui lui paraissent utiles.

ART. 14.

Le Directeur, le Sous-Directeur, un des agents professeurs, l'adjudant de surveillance et le comptable sont logés dans l'Ecole.

ART. 15.

Les élèves s'occupent eux-mêmes de leur ordinaire. Les dépenses sont réglées, à la fin de chaque mois, par une commission de quatre membres pris, par moitié, dans chaque division.

Le Directeur de l'École se fait présenter, à la fin de chaque mois, les notes des fournisseurs et, sur le vu de son visa, l'argent nécessaire pour l'acquittement est remis par le comptable au président de la commission d'ordinaire, qui est tenu d'obtenir et de présenter de suite les reçus des ayants droit. Toutes les prescriptions relatives au fonctionnement de cette organisation sont prévues en détail par le règlement intérieur de l'Ecole.

ART. 16.

Le prix des bourses et des fractions de bourses sera ordonnancé, au nom du comptable, d'avance et dans les proportions *indiquées pour* la pension des élèves non boursiers, par les soins du Directeur de l'École de la même façon que les autres dépenses relatives au domaine des Barres.

TITRE V

DISPOSITIONS SPÉCIALES

ART. 17.

A leur arrivée au domaine des Barres, les élèves libres sont soumis à une visite du médecin attaché à l'établissement, pour qu'il soit constaté qu'ils n'ont aucun vice de constitution, ni aucune infirmité les rendant impropres à un service actif.

TITRE VI

SERVICE INTÉRIEUR

ART. 18.

Comptabilité.

Le Directeur de l'École, sur les crédits mis à sa disposition par l'Administration centrale pour l'entretien des élèves boursiers, ordonnancera des mandats d'avance au nom du fonctionnaire régisseur. L'emploi de l'avance sera justifié par des états d'émargement revêtus de la signature des boursiers.

Les bourses ou portions de bourses allouées par les départements seront encaissées par le titulaire des mandats délivrés.

Les pensions ou demi-pensions versées par les élèves ou par leurs familles seront immédiatement constatées à l'avoir de chaque élève et la même mesure sera prise, dans les formes indiquées plus loin, pour les allocations faites soit par l'Etat, soit par les départements.

La liquidation des fournitures et frais de toute nature à mettre à la charge des élèves sera arrêtée sur des états nominatifs et détaillés contresignés par le Directeur de l'Ecole. Ces états resteront comme garantie entre les mains du fonctionnaire régisseur.

Celui-ci justifiera de ses opérations par la tenue des écritures suivantes :

1° Un livre-journal des dépôts et des retraits de fonds faits par les élèves sur lequel seront enregistrés, par ordre de dates : *en recettes*, les versements de toute nature constatés à l'avoir des élèves ; *en dépenses*, les fournitures ou frais à la charge des élèves, les sommes remises mensuellement au président de la commission d'ordinaire qui fournit un état nominatif, signé par lui et les trois autres membres de la commission, donnant la répartition des frais de nourriture par chaque élève ;

2° Des livrets individuels au nom de chaque élève destinés à mentionner :

A L'AVOIR : Les versements sur les bourses entières ou fractionnées, les pensions ou demi-pensions, les versements de garantie ;

Au DOIT : Les dépenses mensuelles de nourriture arrêtées par la commission d'ordinaire, les imputations diverses (objets d'uniforme, fourniture de livres, d'instruments, etc., frais de remplacement ou de réparation d'ustensiles cassés, détériorés ou perdus, etc.).

Aux époques fixées pour le versement de la pension, le compte de chaque élève sera arrêté en recettes et en dépenses et soumis à l'intéressé, qui en reconnaîtra l'exactitude en apposant sa signature.

Les livrets individuels resteront déposés entre les mains du fonctionnaire régisseur. Ils pourront être à tout moment soumis à l'examen du Directeur de l'Ecole.

Les sommes non employées sur les crédits mis à la disposition du Directeur pour la nourriture et l'entretien des élèves boursiers de l'État seront comprises, en fin d'exercice, parmi les crédits annulés faute d'emploi.

Les excédents disponibles à l'avoir des élèves non boursiers ou boursiers des départements seront transmis, au moment de la sortie définitive, aux parents des élèves, ou remis entre les mains de ces derniers, s'ils sont majeurs. Dans le premier cas, le reçu de la poste servira de pièce de décharge au fonctionnaire régisseur ; dans le second cas, l'intéressé donnera quittance sur son livret individuel. Il en sera de même si un élève vient à quitter l'Ecole pour motif volontaire ou pour renvoi.

En cas de bourses fractionnées, l'allocation attribuée par l'Etat ou par les départements sera tout d'abord affectée aux dépenses de l'élève, qui n'aura plus à solder que la différence entre cette allocation et la dépense totale.

ART. 19.

Discipline.

Les élèves seront soumis à toutes les règles de discipline en vigueur dans l'établissement, et indiquées dans un règlement arrêté par le Directeur de l'Ecole après avis du Conseil d'instruction.

Des bulletins trimestriels sont adressés aux parents.

Toute faute grave contre la discipline, toute négligence dans les travaux théoriques et pratiques peut entraîner une punition plus ou moins grave suivant la gravité de la faute elle-même.

Les punitions sont les suivantes :

1° La censure; 2° la consigne; 3° la salle de police; 4° la mise à l'ordre; 5° le renvoi de l'Ecole.

La censure consiste dans la réprimande particulière ou publique; elle entraîne la privation de sortie du soir pour le premier jour de sortie générale. La consigne est la privation de sortie aux heures réglementaires les dimanches et jours fériés. — L'élève à la salle de police ne quitte cette salle que pour assister aux cours ou prendre part aux exercices pratiques ; il y couche et y prend ses repas. — La mise à l'ordre consiste dans un blâme sévère porté à la connaissance de tous par la voie de l'ordre. — Le renvoi de l'Ecole est prononcé par le Ministre sur la proposition du Directeur.

Tout élève renvoyé de l'Ecole pratique de sylviculture ne pourra rentrer dans aucune Ecole dépendant du Ministère de l'Agriculture.

Il peut être délivré des congés de 15 jours par le Directeur aux élèves que le mauvais état de santé, constaté par l'avis motivé du médecin de l'Ecole, ou des affaires indispensables appellent dans leurs familles. Le Directeur prévient immédiatement le Ministre qui accorde, s'il est besoin, une ou plusieurs prolongations, sur le vu d'un certificat d'un médecin dûment légalisé, dans le premier cas, et sur une attestation authentique dans le second.

Après une maladie ou une absence forcée de plus de quarante jours, l'élève peut être autorisé à redoubler l'année d'études qui a été ainsi interrompue.

N° 38. — TABLEAU

des Mesures employées dans le Commerce des Bois.

MESURES DE LONGUEUR

	m.
Le mètre et ses subdivisions décimales.	
La toise valant 6 pieds de roi.	1,949
Le pied de 12 pouces.	0,324
Le pouce de 12 lignes	0,027
La ligne	0,002
La perche de 22 pieds	7,146

MESURES DE SURFACE

	m. c.
L'hectare ou.	10000, »
L'are.	10 »
Le centiare	1, »
La toise carrée.	3,798
L'arpent des eaux-et-forêts.	51,07
La perche des eaux-et-forêts	5107,20

MESURES DE VOLUME POUR LES BOIS DE FEU

	stères.
Le stère [1].	
Le double stère.	2,000
Le décastère	10,000
La corde des eaux-et-forêts ou d'ordonnance (8 pieds de couche, 4 pieds de hauteur, 3 pieds 1/2 de longueur)	3,839
La corde de taillis (mêmes dimensions, sauf la longueur des bûches, qui est de 2 pieds 1/2 seulement)	2,742
La corde de moule (mêmes mesures, longueur, 4 pieds).	4,387

1. — Le mot *stère* est employé pour exprimer l'unité de volume des marchandises qui se mesurent par masse renfermant des interstices, comme les bois de feu, les moellons, etc.; le mot *mètre cube* s'applique plus spécialement au métrage des marchandises qui offrent des volumes compactes, comme la pierre de taille, les bois de charpente.

La corde sur la Cure.	4,009
— sur l'Oise et l'Aisne.	5,000
— sur la Marne, l'Ourcq	4,008
— sur les ports de Sens et Villeneuve	4,007
— sur les autres ports de l'Yonne.	4,007
— sur les ports de la Seine, sauf Montargis. . .	5,000
— sur le port de Montargis	5,003
Le tonneau (Gironde).	3,636
La brasse (Gironde).	3,570

MESURES DE SOLIDITÉ

(*Bois d'œuvre*).

	m. c.
Le mètre cube	1,000
Le décistère ou solive nouvelle.	0,10
La solive ancienne (long. 2 toises, équarrissage 6 pouces)	0,103
Le pied cube.	0,034

Le chevron. — Diamètre au gros bout 0^m, 16 à 0^m, 22 ; au milieu 0^m, 18. Longueur 9 mètres.

La panne. — Diamètre au gros bout 0^m, 22 à 0^m, 32 ; au milieu 0^m, 18. Longueur 12 à 14 mètres.

La panne double. — Diamètre au gros bout 0^m, 32 à 0^m, 36 ; au milieu 0^m, 23. Longueur 15 mètres et au-dessus.

Traverses de joint. — Longueur 2^m, 60 à 2^m, 80. Largeur 0^m, 30 à 0^m,35. Epaisseur 0^m,13 à 0^m,16. Cube moyen 0^{mc},1270.

Traverses intermédiaires. — Longueur 2^m,60 à 2^m,80. Largeur 0^m,20 à 0^m,25. Épaisseur 0^m,13 à 0^m,16. Cube moyen 0^m,881.

Perches de mines. — 1re classe. Circonférence à 1^m,50 du pied 0^m,28 à 0^m,39 ; au petit bout 0^m,14. Longueur 7 à 9 mètres.

2e classe. Circonférence 0^m,23 à 0^m,28 ; au petit bout 0^m,10. Longueur 6 à 8 mètres.

3e classe. Circonférence 0^m,18 à 0^m,23 ; au petit bout 0^m,06. Longueur 5^m,30 à 7 mètres.

4e classe. Circonférence 0^m,13 à 0^m,18 ; au petit bout 0^m,04. Longueur 5^m,30 à 6 mètres.

5e classe. Circonférence 0^m,11 à 0^m,13. Longueur 4^m,70 à 5^m,30.

Étançons des marchands. — 1re classe. Longueur $1^m,95$ à $2^m,10$. Circonférence à $0^m,10$ du petit bout $0^m,45$ au minimum.

2e classe. Longueur $1^m,80$. Circonférence au petit bout $0^m,42$.

3e classe. Longueur $1^m,50$ à $1^m,65$. Circonférence minima $0^m,30$.

4e classe. Longueur $1^m,35$. Circonférence minima $0^m,32$.

5e classe. Longueur $1^m,20$. Circonférence minima $0^m,30$.

Étais marchands. — 1re classe. Longueur $1^m,50$ à $1^m,80$. Circonférence minima $0^m,26$.

2e classe. Longueur $1^m,20$ à $1^m,50$. Circonférence minima $0^m,24$.

3e classe. Longueur $0^m,75$ à $1^m,20$. Circonférence minima $0^m,18$.

SCIAGES (usage de Paris).

Chêne.

Entrevoux[1]. — *Planche.* — Épaisseur $0^m,027$ (1 pouce). Largeur $0^m,22$ à $0^m,25$ (8 à 9 pouces).

Membrettes. — Épaisseur $0^m,054$ (2 pouces). Largeur $0^m,14$ à $0^m,16$ (5 à 6 pouces).

Chevrons. — Épaisseur $0^m,08$. Largeur $0^m,08$ (3 pouces d'équarrissage).

Échantillon[1]. — *Planche.* — Épaisseur $0^m,034$ (15 lignes). Largeur $0^m,22$ à $0^m,25$ (8 à 9 pouces).

Autre. — Épaisseur $0^m,041$ (18 lignes). Largeur $0^m,21$ à $0^m,22$ (7 pouces 1/2 à 8 pouces).

Autre. — Épaisseur $0^m,045$ (21 lignes). Largeur $0^m,20$ à $0^m,21$ (7 pouces à 7 pouces 1/2).

Membrures. — Epaisseur $0^m,08$ (3 pouces). Largeur 15 à 16 centimètres (6 pouces).

Doublette. — Épaisseur $0^m,054$ (2 pouces). Largeur $0^m,32$ (1 pied).

1. — Ces sciages se vendent au mètre courant. Les coupes se font de 25 en 25 centimètres. Les seules longueurs (admises pour les planches, échantillons et les membrures) sont de 1 à 4 mètres; pour les doublettes, 2 à 4 mètres; pour les petits battants, 3 à 5 mètres; pour les gros battants, 4 à 6 mètres.

Petit battant. — Épaisseur 0^{m},08 (3 pouces). Largeur 0^{m},22 à 0^{m},25 (8 à 9 pouces).
Gros battant. — Épaisseur 0^{m},11 (4 pouces). Largeur 0^{m},32 (1 pied).
Frises pour parquet. — Épaisseur 0^{m},027 (1 pouce). Largeur 0^{m},08 à 0^{m}, 12 (3 à 4 pouces).
Frisettes. — Épaisseur 0^{m},027 à 0^{m},034 (12 à 15 lignes). Largeur 0^{m},06 à 0^{m},08 (2 à 3 pouces).
Feuillets. — Épaisseur 0^{m},006 à 0^{m},018 (3 à 9 lignes).
Plateaux et bois sur maille. — Épaisseur de 0^{m}, 027 à 0^{m},16 (1 à 6 pouces). Largeur 0^{m},16 à 0^{m},40 (6 à 15 pouces).

Hêtre.

Entrevoux. — Épaisseur 0^{m},034 (15 lignes). Largeur 0^{m},22 à 0^{m},25 (8 à 9 pouces).
Planche échantillon. — Épaisseur 0^{m},054 (2 pouces). Largeur 0^{m},22 à 0^{m},25 (8 à 9 pouces).
Membrure. — Épaisseur 0^{m},08 (3 pouces). Largeur 0^{m},18 (7 pouces).
Autre. — Épaisseur 0^{m},11 (4 pouces). Largeur 0^{m},16 (6 pouces).
Doublette. — Épaisseur 0^{m},08 (3 pouces). Largeur 0^{m},32 (1 pied).
Plateaux. — Épaisseur 0^{m},11 (4 pouces). Largeur 0^{m},40 à 0^{m},45 (15 à 17 pouces).
Chevrons. — De 0^{m},04 à 0^{m},10 d'équarrissage.
Fonds sanglés. — Épaisseur 0^{m},03 sur 0^{m},08 de largeur.

Bois blancs (peupliers et grisars [1]*).*

Volige à ardoise. — Épaisseur 0^{m},012 (6 lignes). Largeur 0^{m},11 (4 pouces). Longueur uniforme 2 mètres.
Volige Champagne. — Épaisseur 0^{m},018 (9 lignes). Largeur 0^{m},16 à 0^{m},25 (6, 7, 8, 9 pouces). Longueur 2 à 3 mètres.
Volige Bourgogne. — Epaisseur 0^{m},022. Largeur 0^{m},19 à 0^{m},25 (7 à 9 pouces). Longueur 2 à 3 mètres.
Planche. — Épaisseur 0^{m},03 (13 lignes). Largeur 0^{m},22 à 0^{m},25 (8 à 9 pouces). Longueur 2 à 3 mètres.
Quartelot. — Épaisseur 0^{m},06 (27 lignes). Largeur 0^{m},22 à 0^{m},25 (8 à 9 pouces). Longueur 2 à 3 mètres.

1. — A l'exception de la volige à ardoises, tous les sciages de bois blanc se vendent au pied courant de 0^{m},33.

Sapin (de Lorraine).

Planche de 4 mètres (12 pieds) dite 12/6. — Épaisseur $0^m,027$ (1 pouce), Largeur $0^m,16$ (6 pouces).
— 12/8. Epaisseur $0^m,027$ (1 pouce). Largeur $0^m,22$ (8 pouces).
— 12/9. Épaisseur $0^m,027$ (1 pouce). Largeur $0^m,24$ (9 pouces).
— 12/12. Épaisseur $0^m,027$ (1 pouce). Largeur $0^m,32$ (1 pied).
— 12/15. Épaisseur $0^m,034$ (15 lignes). Largeur $0^m,32$ (1 pied).
Chons et bois flacheux. — Épaisseur $0^m,027$ (1 pouce). Largeur $0^m,16$ à $0^m,22$ (6 à 8 pouces).
Bastins. — Épaisseur $0^m,06$ (27 lignes). Largeur $0^m,16$ (6 pouces).
Travures. — Épaisseur $0^m,08$ (3 pouces). Largeur $0^m,16$ (6 pouces).
Chevrons. — Équarrissage $0^m,06$ sur $0^m,08$, ou $0^m,08$ sur $0^m,08$.
Madriers. — Équarrissage $0^m,08$ sur $0^m,32$ (3 pouces sur 12).

Sapin (du Nord).

Madriers. — Épaisseur $0^m,078$. Largeur $0^m,23$.
Autre. — Épaisseur $0^m,080$. Largeur $0^m,22$.
Bastins. — Épaisseur $0^m,06$. Largeur $0^m,17$ à $0^m,18$.
Planches 5/4. — Épaisseur $0^m,03$ à $0^m,035$. Largeur $0^m,21$ à $0^m,23$.
Poutrelle. — Équarrissage $0^m,13$ à $0^m,20$.
Poutre. — Équarrissage $0^m,22$ à $0^m.33$.
Planchette pour parquet. — Épaisseur $0^m,025$. Largeur $0^m,12$ à $0^m,16$.

DÉBIT DES BOIS

1 stère empilé de bois de quartier (bûches de 12 à 15 c.) contient en moyenne 40 morceaux, dont le volume réel est en mètre cube de. 0,700
1 stère empilé de bois de rondins contient en moyenne 80 morceaux, dont le volume réel est de m. c. . 0,560
1 stère de charbonnette provenant de taillis de 25 à 30 ans,

essences dures, produit en moyenne 0^{m},357 de charbon pesant environ 72 kilogr.

Le poids d'un mètre cube de charbon de chêne et de hêtre varie de 240 à 250 kil.; celui de bouleau, de 220 à 230; celui de pin, de 200 à 210 kil.

Dans les Vosges, on compte que le charbon de chêne et de hêtre (rondins) pèse 228 kil. le mètre cube, et celui de sapin, 135 kil.

Dans les forges, on admet en général qu'un mètre cube de charbon pèse, pour le chêne et le hêtre, 200 à 240; pour le pin et le mélèze, 160 à 180; pour le sapin et le châtaignier, 130 à 150.

1 mètre cube de bois de sciage au 5e produit en entrevoux (planche marchande de 0^{m},250 de largeur sur 0^{m},028 d'épaisseur) 166 mètres courants assortis.

1 mètre cube du même bois produit en échantillon (planche de même largeur, sur 0^{m},34 d'épaisseur) 111 mètres courants assortis.

1 mètre cube (au 5e) produit 10 traverses dont chacune cube un décistère.

1 mètre cube de bois de fente (au 5e) produit en moyenne 850 pièces assorties de merrain (douves, enfonçures et chanteaux), jauge de Champagne.

1 mètre cube de bois de fente produit en échalas de 1^{m},16. 2,500

En lattes pour couvertures d'une épaisseur de 0^{m},002 à 5 mètres sur 1^{m},056 de longueur. 3,350

En lattes pour cloisons de 0^{m},16 de longueur sur 0^{m},042 de largeur et 0^{m},002 à 0^{m},007 d'épaisseur. 8,000

1 mètre cube (au 5e) de bois de hêtre de deux mètres de tour et au-dessus produit : 195 paires de sabots assortis — 100 jantes de roues, — 50 douzaines de battoirs, — 40 douzaines de sébilles assorties.

TABLE ALPHABÉTIQUE

FIN

DE LA TABLE ALPHABÉTIQUE

Poitiers. — Imp. Blais, Roy et Cie, rue Victor-Hugo, 7.

Les Oiseaux utiles et nuisibles aux Forêts, Champs, Jardins, Vignes, etc., par H. DE LA BLANCHÈRE, *ancien élève de l'École forestière*. — 5e Édition, avec 150 vignettes. In-8°, relié.......... 4 fr.

Les Ravageurs des Forêts et des Arbres d'Alignement. — Histoire naturelle. — Mœurs. — Dégâts. — Moyens de Destruction, par H. DE LA BLANCHÈRE, *ancien élève de l'École forestière*, et le docteur Eugène ROBERT. 6e édition. Un vol. in-18, avec 162 gravures; relié toile.................. 4 fr.

Herbier forestier de la France. — Reproduction, d'après nature et de grandeur naturelle, de toutes les Plantes ligneuses qui croissent spontanément en Forêt. Description, Situation, Culture, Qualités et Usages, par Eugène DE GAYFFIER, *Conservateur des forêts*. Avec 200 planches, formant deux vol.......................... 500 fr.

(Nous ne possédons qu'un seul exemplaire de cette belle publication, qui est épuisée, et ne sera pas réimprimée.)

Arboretum et Fleuriste de la Ville de Paris. — Description, Culture et Usages de tous les arbres, arbrisseaux, et des Plantes herbacées et frutescentes de plein air et de serre, employées dans l'Ornementation des Parcs et Jardins, par A. ALPHAND, *Directeur des travaux de la Ville de Paris*. Un volume grand in-folio.................. 50 fr.

Les Conifères. — Traité pratique des Arbres verts ou résineux, indigènes et exotiques, par C. DE KIRWAN, *Inspecteur des Forêts*. Deux volumes, avec 106 gravures. — Prix de l'ouvrage reliés.......... 5 fr.

Les Arbres verts ou Conifères, par MM. VEITCH et fils. Ouvrage de luxe in-8°, orné de nombreuses gravures. Traduction par SCHNEIDER, revue par M. DOUMET-ADANSON (*Sous presse*).

Graines résineuses. — Achat, Récolte et Préparation des Graines employées par l'Administration des Forêts, par André THIL, *Inspecteur-adjoint des forêts*. Prix.... 2 fr.

Aménagements des Futaies, par L. BRÉNOT, *Ancien élève de l'École forestière*. Prix............ 1 fr.

Le Guide du Chasseur devant la Loi. — Code complet contenant le recueil des lois, ordonnances et circulaires ministérielles, avec les dispositifs, par ordre alphabétique, de toutes les décisions rendues en matière de chasse depuis le 3 mai 1844 jusqu'à ce jour, par F. TECHENEY. Un vol. Relié.......... 2 fr. 50

Nouveau Carnet de Chasse illustré et augmenté du Manuel du jeune Chasseur au Chien d'arrêt. — Méthode sûre et prompte pour faire rapporter un chien d'arrêt à terre et à eau, manière de le conduire, moyen de devenir bon tireur, conseils à un jeune chasseur, par M. CHATIN. — 3e édition, ornée de 37 vignettes. Relié.......... 1 fr.

La Pisciculture fluviale et maritime en France, par Jules PIZZETTA et M. DE BON. — Description des Poissons, Pêche, Lois, Repeuplement des Rivières, élevage des Poissons, des Écrevisses et des Sangsues. Suivi d'un traité sur l'*Ostréiculture en France*. Un volume de 300 pages, orné de 212 gravures, relié. Prix.......................... 4 fr.

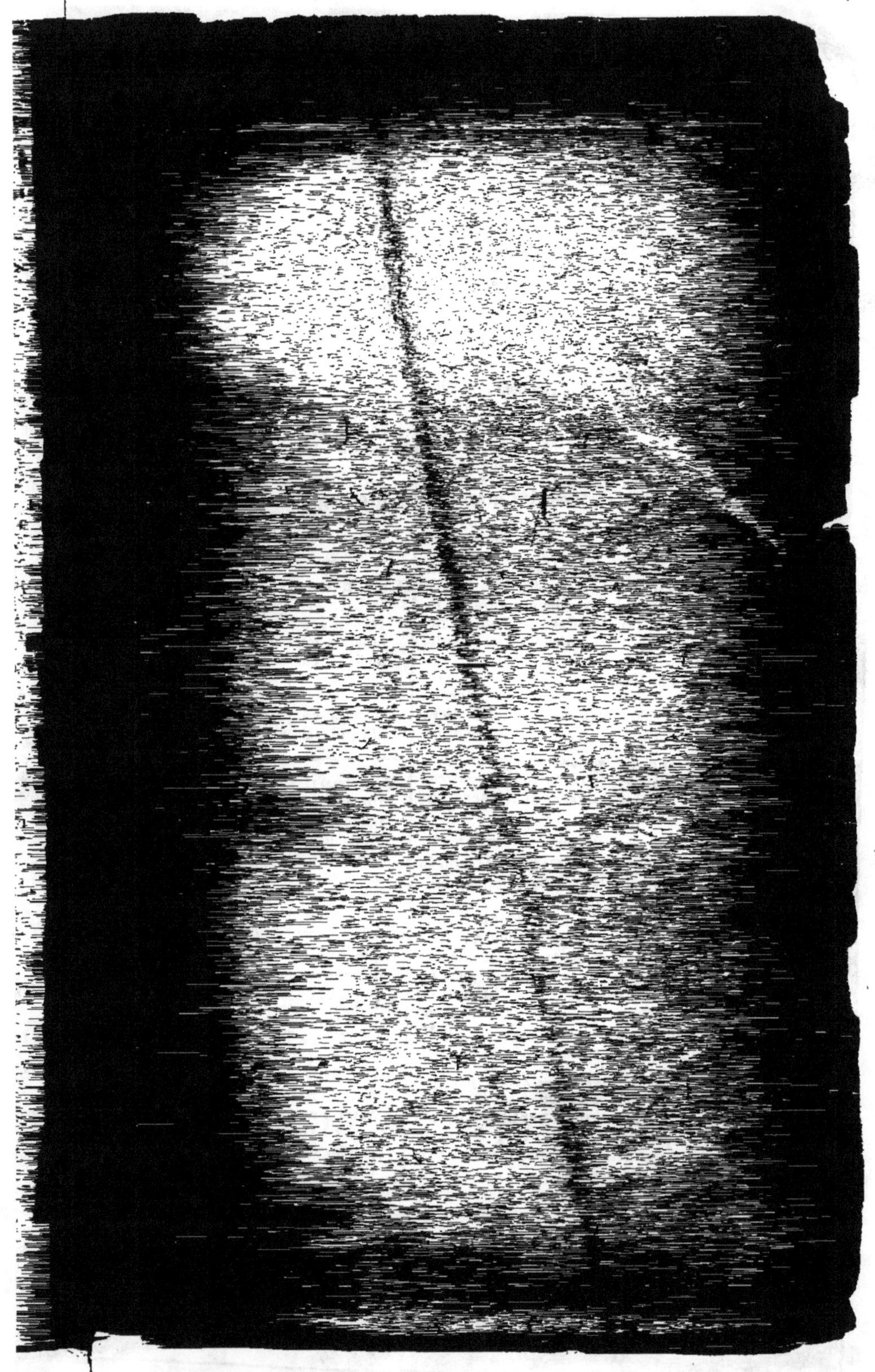

www.ingramcontent.com/pod-product-compliance
Lightning Source LLC
Chambersburg PA
CBHW061126220326
41599CB00024B/4181